「聆听大师」丛书

听季羡林谈人生哲学

王颖 / 著

时事出版社

前　言

人生哲学是人生的根本原理和智慧，也是一种人生观的表现形式。它包含了人生目的、人生价值、人生意义、人生态度等，可以让人们了解人生的根本道理，对人类的生活起着重要的指引作用。

季羡林（1911—2009年），字希逋，又字齐奘，是中国著名的古文字学家、历史学家、东方学家、思想家、翻译家、佛学家、作家，精通12国语言，曾任北京大学副校长、中国社会科学院南亚研究所所长。他生活经历丰富，学识渊博，一生著作等身，除了在学术上的贡献之外，还留给后人许多智慧箴言和人生体悟。

1930年，季羡林考入清华大学西洋系，师从吴宓、叶公超，主修德语，1935年出国留学深造，就读于德国哥廷根大学，1946年回国任教于北京大学。他的研究领域甚是广泛，在语言学、文化学、历史学、佛教学、印度学和比较文学等方面都有很深的造诣，并且翻译了大量梵文作品以及德、英等国的多部经典著作，每天都坚持读书写作。

季羡林的学术研究主要涉及四个方面：一是印度学和中亚古文字学；二是梵典翻译学；三是佛学义理和传播学；四是中西交通史的研究。在这些领域他都做出了卓越的学术贡献，其著作被汇编成《季羡林文集》24卷出版发行，其中包括《天竺心影》《朗润集》《季羡林散文集》《牛棚杂忆》等随笔散文，这些作品不仅是他一生境遇的真实写照，更深刻地反映了百年来中国知识分子的奋斗历程。他的一生几乎横贯整个20世纪，但他却非常珍惜时间，认真地过每一小时，细细品味每一分钟。正是这种专注的精神，使他对人生有着极为深刻的领悟。

季羡林先生为人敬仰，不仅是因为他的学识，还有他的品格，他一生笔耕不辍，无论是顺境还是逆境，都能以坦然平和的心态去面对，积极进取，认真学习，克服各种困难。这些从他文章的字里行间渗透出来，构成了丰富多彩的人生价值，也是他受人尊敬的地方。

在如今这个时代，物质文明虽越来越发达，但却凸显出精神生活的缺失。许多年轻人失去了纯真的理想和澎湃的热情，人们渴望长寿，害怕死亡，同时也厌倦一成不变的永恒，因而会禁不住问：生命的意义到底是什么？我们该怎样活着？

本书通过介绍季羡林先生著作中所蕴含的人生智慧，为读者寻找人生价值和为人处世之道。全书从做人、处世、说话、成功、治学、长寿、幸福等九个方面展开，通过古今中外的事例将“季式哲学”贯穿其中，使读者能够直观地去理解季羡林先生的智慧思想，体味其中道理。

从季羡林先生的人生智慧中，我们能够看到一种简约质朴的精神，因为所有真实美好的东西都是朴实无华的，幸福也是从平凡的人生中产生的。真正的人生价值和意义，不在于获得多少物质财富，而在于愿意为世界贡献多少。

目录

NO.1 自己的花是开给别人看的——季羡林谈做人哲学

1. 礼义廉耻，为人的第一课 \ 003

2. 做人要有“人味” \ 005

3. 过度的谦虚即是虚伪 \ 008

4. 知足，知不足 \ 012

5. 真性情者，恻隐之心不可少 \ 015

6. 小心聪明反被聪明误 \ 018

7. 自省，是一笔精神财富 \ 021

8. 一身硬骨，不亢不卑 \ 026

9. 我以朴素为美 \ 029

10. 做最真实的自己 \ 032

11. 人不可一日无德 \ 036

NO.

2 / 应尽便须尽，无复独多虑
——季羡林谈处世哲学

1. 成人之美，不成人之恶

2. 有为，有不为 \ 046

3. 不要把别人当傻瓜 \ 049

4. 不知，实为“大知” \ 053

5. 君子爱财，取之有道 \ 056

6. 洞明世事，反求诸躬 \ 059

7. 常怀一颗感恩之心 \ 062

8. 学会适应，但不迁就 \ 065

9. 忍者，相互容忍也 \ 068

10. “世故”并不是贬义词 \ 071

11. 朋友贵在交心 \ 075

NO.

3 / 假话全不讲，真话不全讲
——季羡林谈说话哲学

1. 讲真话最可贵 \ 081

2. 撒谎，人际关系的“砒霜” \ 084

3. 沉默，有时无声胜有声 \ 087

4. 三思而言，含而不露的智慧 \ 089

5. 言之有礼，说话注意细节 \ 093

6. 说在明处，意在暗处 \ 096

7. 要敢以真性情示人 \ 099

8. 一语为重百金轻 \ 102

NO. 4 / 生活要知足，学习要不知足
——季羡林谈治学哲学

1. 天下第一好事在读书 \ 107

2. 我的诀窍在于“笨” \ 110

3. 抓住一个问题终身不放 \ 114

4. 所谓“天才”，是治学路上的绊脚石 \ 117

5. 实话实说，秉持一颗学术良心 \ 119

6. 用历史的眼光看待问题 \ 123

7. 做学问要抓住灵感 \ 126

8. 学习之道在于勤 \ 130

9. 坚持不懈，老有所为 \ 133

10. 广通声气，博采众长 \ 136

NO. 5 ╱ 不安于小成，然后足以成大器
——季羡林谈成功哲学

1. 当机立断，不必瞻前顾后 \ 143

2. 人生的成功在于把握机遇 \ 146

3. 一步一步走，才走得最快 \ 149

4. 一切归零，不提当年勇 \ 152

5. 自助者，天助之 \ 156

6. 压力，拼搏的动力 \ 159

7. 成功之道的三重境界 \ 163

NO. 6 ╱ 养生无术是有术
——季羡林谈长寿哲学

1. 行动上要服老，精神上要不服老 \ 169

2. 智者乐，仁者寿 \ 172

3. 青年学生们是我的“药石” \ 175

4. 我的长寿秘诀：跟着感觉走 \ 178

5. 生命不因年老而尘封 \ 181

6. 勿汲汲于所求，勿悄悄于怀恨 \ 184

7. 保持活力，脑筋不停转 \ 187

8. 自然而然得长寿 \ 190

NO. 7 / 每一秒钟都“不寻常”——季羡林谈时间哲学

1. 一寸光阴不可轻 \ 197
2. 少年易学，老难成 \ 201
3. 生死沉浮寻常事 \ 204
4. 抛开“老”的包袱 \ 208
5. 纵浪大化中，不喜亦不惧 \ 211
6. 让时间不再“害怕”东方 \ 213
7. 珍惜时间的“边角废料” \ 217

NO. 8 / 幸福是灵魂的一种香味——季羡林谈幸福哲学

1. 温馨，家庭不可或缺的气氛 \ 225
2. 忠诚，爱情幸福的基石 \ 228
3. 幸福婚姻，要有契约精神 \ 232
4. 勇敢地生存，幸福地活着 \ 235
5. 平平淡淡就是福 \ 238

6. 真正的幸福，源自内心的感受 \ 241
7. 痛并快乐着 \ 243
8. 亲情如蜜，甘之如饴 \ 246

NO. 9 / 不完满，才是人生——季羡林谈生活哲学

1. 糊涂一点，潇洒一点 \ 251
2. 活着，要对得起自己的生命 \ 254
3. 人生的意义和价值在于工作 \ 257
4. 我的心是一面镜子 \ 261
5. 走运与倒霉，谁能说得清楚 \ 264
6. 笑声，是生活的底色 \ 267
7. 忘记一些，放下一些 \ 271
8. 怀旧，能净化人的灵魂 \ 275

NO.1

自己的花是开给别人看的

——季羡林谈做人哲学

“做人难”，谈起做人这个问题，几乎每个人都会发出这样的感叹。的确，做人不易，一个人不管他多么聪明、多么能干，条件有多么好，如果不懂得做人，那么他最终也很难成功。如何做人，怎样做人？季羡林先生曾经提到，做人要做“真”人，要有真性情，也要讲求真我，简而言之就是做自己。做人要明礼仪、知羞耻，要学会知足，也要有追求进取的精神；做人不能虚伪，不能爱慕虚荣，要有人情味，要不卑不亢。除此之外，做人还要学会自我反省，要做一个真正的聪明人。

·1·

礼义廉耻，为人的第一课

富者有礼高质，贫者有礼免辱，父子有礼慈孝，兄弟有礼和睦，夫妻有礼情长，朋友有礼义笃，社会有礼祥和。

——季羡林

众所周知，季羡林先生是著名的国学大师、文学界的泰斗，同时他也是一位智慧大师。古语有言："国有四维，一维绝则倾，二维绝则危，三维绝则覆，四维绝则灭。"而所谓的四维便是礼、义、廉、耻。在古人心目中，礼可以定贵贱尊卑，义可以为行动准绳，廉可以称廉洁方正，耻可以称有知耻之心。季羡林先生也多次提到做人要知廉耻、守礼义。

知礼方能自尊

季羡林先生说，礼的内涵很广，包括仪容仪表、尊贤敬长、社会公德、律己修身等方面，大致可总结为"敬、让、静、洁"四个字，其中的核心是自谦、敬人，目的是建立和谐的人际交往关系。

战国时期，齐国重臣晏子以口才雄辩、思维敏捷著称。有一次，齐王派遣晏子出使楚国，楚王知道晏子身材矮小，想借机羞辱他，便让人开了个五尺高的洞让他进城。晏子说："这是个狗洞。只有访问'狗国'，才从狗洞进去。”楚王见了晏子，不屑地问：“齐国难道没有人了吗？”晏子说：“齐国虽人才济济，但也有个规矩：上等人访问上等国，下等人访问下等国。我最没有出息，所以被派到楚国来了。”楚王设席招待晏子时，一个齐国的囚犯被士兵押解经过大堂，便借机说齐国人太没出息。晏子回答道：“柑橘生在淮南时又大又甜，种到淮北就变得又小又苦。齐国人在本国遵纪守法、安居乐业，到了楚国却犯了罪，这难道不是风俗和环境的问题吗？”楚王再三为难晏子，却被晏子轻松化解，从此再也不敢小看晏子。

中国古人本是非常重视礼仪的，可是楚王全然不顾礼仪，只是一味地羞辱晏子，最终却反被羞辱。尊重是相互的，不尊重他人的人是不会得到对方的尊重的，只有知礼守礼的人，方能得到别人的尊重。

守义方能自立

何为义？季羡林先生曾经提及，义是义薄云天，也是光明正义；是仁爱，也是奉献；是满腔豪情，也是一身肝胆。心中有义，才能立，立于人心，亦是立于己心。

桃园三结义的故事里不乏大义：兄弟情义和家国大义。刘备、关羽、张飞三人结义，相互扶持，关张二人更是拼尽热血为刘备建功立业。诸葛亮也是因为大义，鞠躬尽瘁，死而后已。同样的情感在梁山一百单八将中也体现得淋漓尽致，梁山好汉追随大义，为民、为国，纵然最后身死，但其精神却永存不灭。他们追求义，实现义，将义存留青史，立于人心，立于己心。

古今的仁人志士充满侠肝义胆，他们豪气冲天，在捍卫真理时勇往直前。义是慷慨临刑、谈笑以对的意气扬扬；是斩首抛尸、魂追云天的日月光辉；是名利黯淡、恶势胆寒的寒夜星辰。历史上不乏以死为中华义节续写感人的篇章之辈，他们用不朽的情操为我们树立了一座昭示后人的丰碑。

廉耻乃根本

季羡林先生曾经讲到，所谓廉便是廉洁，有廉洁之心的人，无论见到什么，都不起贪求之心，更没有想占便宜的心。所谓耻则是羞耻，凡是不合道理的事，违背良心的事，坚决不做。耻也是自尊自重，孔子曾说：“知耻近乎勇”，便是告诫世人知道错误就要学会改过，这才是真勇。

廉耻乃世人自立、立于人心的根本，做人要知廉耻、有雄心，寡廉鲜耻只会为人所不屑。

礼义廉耻是国之根本、立国立民的关键，守礼、有义、知廉耻更是为人处事的根本，只有严格要求自己，以此为准绳，国家才能崛起，民族才能自强。

·2·

做人要有“人味”

无论是工作中还是生活中都应该有仁爱之心，这样才叫有“人味”，才能得到别人的关爱。

——季羡林

人味，在字典里的解释为人所特有的自尊心、意识和情感等，也指人所拥有的品格和人生乐趣。所谓人味，既是人情味，又是人品人性。季羡林先生曾多次提起人味，说及做人该有怎样的人味。

人如其味

季羡林先生曾经提起，人是有味道的，而他的味道则是其人格人品的反馈，恰如陶渊明素来爱菊，爱其清香、淡雅，故而其一生如菊般素净，“采菊东篱下，悠然见南山”，这是他的境界；而庄子的一句“呜呼，吾将曳尾于涂中”也道出了自己无为的追求，在他心中，“无为”正是“有所大为”，是大智慧，是人生的至高境界，一生淡泊，一世逍遥，这样的追求恰是老庄之味；除此之外，素有“梅妻鹤子”之名的林逋，其味是“疏影横斜水清浅，暗香浮动月黄昏”的澄澈；写出“史家之绝唱，无韵之离骚”的司马迁，其味便是“幽粪土之中，隐忍苟活”。

有些人如菊一般平淡素净，他们默默地在平凡的生活中诠释出不平凡的生命意义，留下沁香扑鼻；有些人似鲜艳的杜鹃花一般轰轰烈烈，他们将生命的意义洋洋洒洒地挥洒在纯白的宣纸上，留下墨香浓烈。不管是哪种味道，也不管是哪种人，他们的味是自身的最高诠释，人如其味，或芳香、或浓烈、或刺鼻，什么样的味道便对应着什么样的人。

味如其人

谈及人的品德品性时，季羡林先生曾经说过这样的话：“建立功业，以立品德为始基。从来有学问而能担当大事业者，无不先从品行上立定脚跟。”很多时候，细节总是容易被人所忽视，但细节往往最能反映出一个人最真实的状态。所以说，一个人的品格，一个人的人味，最能体现出一个人的内涵。

有一位名叫思坦因曼思的德国工程技术人员在德国经济萧条时失业了，他不得不离开自己的国家，千里迢迢去美国谋求生路。由于他非常擅长工程技术，因而很快得到一个小工厂老板的赏识，被聘为技术人员，专门负责生产马达。1923年，美国福特公司一台马达出现故障，公司所有工程技术人员都一筹莫展，找不出问题所在。这时有人向公司推荐了思坦因曼思，于是福特公司就派人请他过来。思坦因曼思来了之后，经过仔细观察研究，最后找到马达出问题的部位，并用粉笔画了一道线，写道“这儿的线圈多绕了16圈”。

福特公司的技术人员按照他的建议，拆开马达，将多出的16圈线拆掉，马达重新正常运转了。福特公司的总裁福特得知此事后，对思坦因曼思非常赞赏，于是给他汇了一万美元的酬金，并亲自邀请他加盟福特公司。可是思坦因曼思却拒绝了福特的要求，不愿意离开那家小工厂，因为小工厂老板在他最困难的时候给了他一份工作。福特公司是美国实力雄厚的大公司，大家都挤破头想进去，但思坦因曼思却为感恩舍弃大好机会。福特先生十分遗憾，但更加欣赏思坦因曼思，认为他不仅有才能，而且知恩图报。过了不久，福特先生决定收购那家小工厂，董事会成员都很疑惑：一家小工厂怎会得到总裁的青睐？福特先生说：“因为那里有思坦因曼思。”

细节，是人们常常自觉或不自觉地忽视的一些看似简单的小事，通常有很多人太自信于“天生我材必有用”，结果大事做不了，小事又不做，眼高手低，一生碌碌无为。“一心渴望伟大、追求伟大，伟大却了无踪影；甘于平淡，认真做好每个细小之事，伟大却不期而至。”这就是细节的魅力。细节展现人品，也恰如其人，故而一个人的人味便是他最准确的标签。

做一个有味的人，抓住细节，不好高骛远，不贪求浮华。是金子终究会发光，是珍珠永远也掩盖不了熠熠生辉的光华，是种子总会破土发芽迎接雨露阳光。做人要有人味，不管是人如其味还是味如其人，一个人的品格品性是至关重要的。

·3·

过度的谦虚即是虚伪

在伦理道德的范畴中，谦虚一向被认为是美德，应该扬。而虚伪则一向被认为是恶习，应该抑。然而，究其实际，二者间有时并非泾渭分明，其区别间不容发。谦虚稍一过头，就会成为虚伪。

——季羡林

季羡林先生说过，他喜欢这样的人：谦虚而不虚伪。做人绝对不能因为一点小成绩而沾沾自喜，要虚怀若谷。古往今来，世人皆知谦虚是一种美德，也是明智之举，因为人外有人、天外有天，谦虚使人进步。但同时谦虚也应讲究“度”，因为过分的谦虚即是虚伪。

不居功自傲，但也要承认自己

“虚心竹有低头叶，傲骨梅无仰面花。”诚然谦虚是中华民族的传统美德，但是做人也不能过分谦虚，恰如季羡林先生所言，谦虚也要考虑场合，把握好度，过分谦虚是要不得的。

牛顿是科学史上的巨人，他发现了万有引力定律，建立了成为经典力学基础的牛顿运动定律；他进行了光的分解，创立了光学；他确定了冷却定律；他创制了反射望远镜，考察了行星运动规律，科学地解释了潮汐现象，预言了地球不是正球体；他是微积分学的创始人……然而牛顿自己却非常谦逊，临终时，亲朋好友在病榻边对他说："你是我们这个时代的伟人……"他听了"伟人"二字便摇摇头说："不要那么说，我不知道世人是怎样看我的，我只觉得自己似乎是一个在海滨玩耍的孩子，偶然拾到了几只光亮的贝壳。但真理的汪洋大海在我眼前还未被熟悉，未被发现。"停顿片刻，他又说："假如说我比笛卡儿看得远些，那是因为我站在巨人们的肩膀上的缘故。"

牛顿虽然谦虚，可是他正视了自己所做的一切，站在伟人肩膀上的他靠着自己的努力和才智为世人留下了珍贵的财富，这一切痕迹纵然是时间也难以抹去。所以说，做人不能居功自傲，要谦虚，但也要承认自己。

承认自己，但不过高地评价自己

季羡林先生曾说，人们都喜欢评头品足，评价别人容易，评价自己却很难。好高骛远的人总把自己放在金字塔的顶端，认为自己功不可没，应受万人敬仰；而畏首畏尾的自卑者却总是可怜兮兮地前进，他们羞于表达自己、展示自我，纵然并非平庸，可总会被自己埋没。

19世纪末杰出的化学家诺贝尔一生在化学领域的贡献极大，但是他为人却十分谦虚。曾经有一位瑞典出版商要出一部瑞典名人集，他找到诺贝尔，希望能在自己的书中讲述诺贝尔的成功经历，然而诺贝尔却很有礼貌地回绝道："我会购买这本有价值、有趣味的书，但请您不要将我收入。我不知道我是否可以得到这种名望，不过我厌恶过分的词藻。"

还有一次，诺贝尔的哥哥想编一部家族史，于是请诺贝尔寄一份自传给他，可是诺贝尔却提笔写道："阿道尔弗雷德·诺贝尔——他那可怜的生命，在呱呱坠地时，差点断送在一位仁慈的医生手里。主要的美德：保持指甲的干净，从不累及别人；主要的过错：终生不娶，脾气不佳，消化力差；仅有的一个希望：不要被人活埋；最大的罪恶：不敬财神；生平重要事：无。”哥哥拿到这份自传后很是无奈，他反复劝说诺贝尔将自己的成就写进去，并提出如果诺贝尔无暇书写的话他可以代为整理。然而无论他怎么劝说，诺贝尔都执意不从，并说：“我不只是没有时间，最根本的原因是我不能写什么自传。在宇宙旋涡中，有恒河沙粒那么多的星球，而无足轻重的我们，有什么值得去写的呢？”

诺贝尔一生都不愿意宣扬自己的成就，他清楚地知道自己所做的一切，却又不过高地评价自己，依旧在自己的领域不断做出成绩，不断地向世人证实自己的能力，展示自己的才能。

正确的谦逊才能赢得尊重

古往今来，智慧大师们不止一次谈到做人要谦虚，可也说做人要真实，所以谦虚也是有度的，真正成功的人都能把握好这个度。谦虚的人首先应该知道自己站在什么位置上，自己有什么优缺点，并且坦然承认自己的不足，然后不断努力，改正缺点，弥补不足，这样才能获得成功。永远不放弃努力，坦诚、真实、不虚伪，这才是真正的谦虚。

物理学家爱因斯坦在世的时候就已经声名显赫，并且深受人们的敬仰，他的塑像更是被列入当时在纽约河滨教堂所设的世界最伟大的学者塑像群中，成为唯一一个活着入选的人。可是他却没有被举世瞩目的荣誉冲昏了头脑，仍始终保持着谦逊的品质。爱因斯坦十分不理解别人把他当成偶像的行为，因为在他看来，自己只是在喜欢的行业比常人多付出了一些努力，恰巧这些努力也取得了成绩罢了。他也对报刊上有关自己的宣传和赞扬十分厌烦，凡是记者、画师、雕塑师来找他拍照、画像、塑像，他都难以忍受，觉得每当这时自己就成了这些人的模特。

爱因斯坦从不认为自己是一个名人，他说自己所走的道路是前人走过的道路的延伸，科学上所谓的新时代也都是在前人努力的基础上开辟的，因此他对于前人在科学领域的贡献总是抱着万分真诚的敬仰和感激。他曾说："在科学的道路上有许许多多人在共同奋斗，各人有各人的工作，各人有各人的贡献，因此他们每一个人都值得我的尊重。"这一点在爱因斯坦身上得到了很真实的体现，哪怕是对自己的下属和学生，他也没有任何的傲慢表现，凡是与他接触过的人，无不赞叹他的和蔼可亲和平等待人。

"生命有限，知识无穷"，任何一门学问都是无穷无尽的海洋，都是无边无际的天空……所以，谁也不能认为自己已经达到了最高境界而止步不前，如果那样的话，必将很快被同行赶上和超过。但是"妄自尊大和妄自菲薄都是严重的错误"，盲目、怯让的谦虚会压抑人的个性，损伤人的自信，不但无用，反而使人起腻。

谦虚的别名叫诚恳。我们所提倡的谦虚，是要正视自己的成就，施展自己的本领和才华，同时还要看到尚有的不足，继续埋头努力。

·4·

知足，知不足

生活上要知足，学习上要不知足，工作上要知不足。只要积极进取，努力工作，人民不会亏待，社会不会忘记。

——季羡林

季羡林先生推崇这样一种处世智慧：“做人要知足，做事要知不足，做学问要不知足。”因为只有知足的人才会对生活有独到的洞察力，而知不足又是一种智慧，只有知不足，才会对生活和事业充满热情。知足和知不足结合在一起，才会形成完美的人格。

不知足是一种贪婪

人常说，知足常乐，《大学》有言：“知止而后有定。”其中“止”就有“足”的意思。季羡林先生曾告诉自己的孩子，要学会知足，在生活中能真正做到“止”，就意味着找到了自己的方向和目标。

《渔夫和金鱼》的故事大家都曾听过：很久以前，大海边上一个破旧的小木棚里住着一对老头儿和老太婆，老头儿天天撒网打鱼，老太婆天天纺纱织线，两个人一起过着艰苦的生活。有一天，老头儿打到了一条金鱼，因为看见金鱼眼角的泪水，于心不忍，就把它放生了。金鱼很是感动，就问他有没有什么要求，它可以满足老头儿的任何要求。老头儿摇了摇头，没有提任何请求就回家了。老太婆知道这件事后破口大骂，先是硬逼着老头儿去向金鱼要一只新木盆，金鱼满足了她的要求后，她又让老头儿再去要一座木房子。之后老太婆还是不满足，她不想再做贫苦的农妇，而想做贵妇人，金鱼再一次满足了她的要求。可是她在当上贵妇人以后，却把老头儿派到马房里干活儿。过了不久，老太婆不再满足于做贵妇人，她想要当个自由自在的女皇，金鱼又一次满足了她的要求。她当了女皇之后更加嫌弃老头儿了，直接吩咐左右把他从自己眼前赶走。过了不久，老太婆又不满足于做女皇了，想要当海上的女霸王，并且要金鱼亲自侍奉她，听她使唤。这一次，金鱼没有答应她的要求，它十分生气，收回了以前送给老太婆的一切。

老太婆显然是一个不知足的人，虽说贪婪是人的天性，但若不加以克制，学会适可而止，那么结局也会像老太婆一样。

做人要知不足

做人要知足，但也要知不足，既然提倡知足却又为何要知不足呢？不妨从下面的故事中仔细体会一下，也许你会有不同的收获。

从前，有一位十分刻苦努力却在事业上收效甚微的青年，对自己的境遇很苦恼。有一天，万分郁闷的他找到了昆虫学家法布尔，他说：“我把自己的全部精力都花在事业上，为什么收获却这么少？”对于他的境遇，法布尔很同情，于是拍了拍青年的肩膀，然后说道：“看来你真是一个勇于献身科学的有志青年。”这位青年无奈地叹了口气说道：“我爱文学，也爱科学，同时对音乐和美术的兴趣也很浓。为此，我把全部时间都用上了，可是就算我比别人付出更多的精力，学习更多的东西，可我依旧毫无成绩。”法布尔听后微笑着从口袋里掏出一块凸透镜，做了一个“小实验”：他用凸透镜将太阳光集中在纸上的一个点，这张纸很快就被点燃了。接着，法布尔对依旧有些茫然的青年说：“道理其实很简单，如果把你的精力集中到一个点上，就像这块凸透镜一样，你一定会有所成就的。”这位青年听后恍然大悟，受到很大的启发。后来这位青年专注于自己喜欢的科学领域，很快便取得了成绩。

季羡林先生也说过，每个人的精力都是有限的，有所不为才能有所为，知足而知不足。没有知足，就没有知不足。只有真正达到了“知不足”的境界，才能自觉克服“知足”所内含的弊端。凡事知不足，才会避免马马虎虎，而专心做好每一件事情，方能有所成就。

做人也要适度地不知足

季羡林先生说，不知足是人上进的车轮。每一个追求进步的人必须有一种不知足的精神。三百六十行，正因为存在不知足，因而行行出状元。人生学无止境，不知足即是树立远大目标，挖掘自己的潜能，最终实现伟大的超越。

有句古话说，不痴不傻不足以成大事。所谓的“痴”和“傻”，本质就是一种不知足的努力追求，只是这种“不知足”，是对工作事业的不知足，是对人生的一种执着。此种“不知足”能够成就人的梦想，使之达到一种至高的境界。按照一代哲学家冯友兰的看法，人的这种至高境界来自对人生的深掘和省察，探求人生的极限和潜能，即是一种“不知足”的渴求。

此外，积极意义上的“不知足”也会让人“知不足”，即通过探寻个人的潜能，知道自己的不足之处在哪里。由于知晓己之不足，前进的目标自然会更明确，人生信念也会更加坚定。由此，人的“内力”就会爆发出来，人的进步也能获得更为持久的动力。人生的“不知足”不是“一根筋”式的苦干和蛮干，而是“有所为有所不为”式的积极作为；更不是一时的感性冲动，而是建立在自我觉醒基础上的持久自觉。

“知足”不是自满和自我感觉良好，而是一种对自身的客观了解。“知不足”不是妄自菲薄，贬低自己，而是源于对真理的渴望，专心致志地对待生活。“不知足”不是贪得无厌，而是对工作事业的执着追求。把握“知足”、“知不足”、“适度的不知足”三者之间的平衡，人生的事业由此生发新芽，人生的境界也攀上一个新的高度。

·5·

真性情者，恻隐之心不可少

慈善是良好的道德的发扬，又是道德积累的开端。孟子说：“恻隐之心，仁之端也。”一个社会良好的道德风尚，一个人良好的道德修养，不是从天上掉下来的，要宣传教育，要舆论引导，更要实践、参与。

——季羡林

季羡林先生曾经这样来形容恻隐之心，如果你看到有人衣衫褴褛，眼神无光，于是顿生怜悯，想要伸出援手，如此就是恻隐之心在暗中涌动。而人之为人，是不可缺少这颗恻隐之心的。都说“人非草木，孰能无情”，既然生而为人而非草木，就应当胸怀仁心，让人间有情。

恻隐之心关系到“以人为本”的道德信念的落实。倘若世界上到处充斥着恃强凌弱的惨象，恻隐被冷漠之心乃至冷酷之心所取代，人便失去了本性，无视尊严，无视道德，将会在彼此的冷漠中迷失自我。

恻隐之心，人皆有之

季羡林先生说，恻隐之心是对弱者的怜悯与同情，这种心理也是人心中最为仁善的一面，不经意间被触碰的那点柔软便是恻隐之心。

曾经看到过这样的一个故事：在一个寒冷的冬天，有一位英勇的猎人，在打猎回家的路上发现了两只黑熊，原本他打算射杀它们，然后拿这两张熊皮卖个好价钱。正当他准备射杀这两只黑熊时，却被它们一起玩耍的幸福景象感动了，两只黑熊举止亲昵，处处萌发着一种憨厚的状态，很是让人喜欢。于是他动了恻隐之心，不想伤害这两只可爱的黑熊，然后朝天空开了一声空枪，想让它们知道附近并不安全，提醒它们找一个安全的地方玩耍。不料被枪声惊动的两只黑熊却脱下了熊皮，原来这并不是两只黑熊，而是猎人的两个孩子，他们看见自己的父亲回来了都露出了纯真的笑容，然后欢喜地朝猎人飞奔过来。此时，猎人深感后怕，差点因私欲而错杀了自己的两个孩子，还好他尚有怜悯之心。

在我们的传统文化中，恻隐之心不仅是一种悲天悯人的良知，也是一种道德标准。孟子说：“老吾老，以及人之老；幼吾幼，以及人之幼，天下可运于掌。”这正是儒家思想中倡导的“仁者得天下”和“仁者无敌”。这种传统道德已深植在人们的灵魂之中，虽然当今有许多同情心被那些职业乞讨者滥用，受到伤害后慢慢地结起一个个的硬壳，但在这层硬壳下，仍然有着怜悯之心、恻隐之心和同情之心。

真正的恻隐之心

季羡林先生是一个求真的人，作为一个真性情者，季老认为恻隐之心必不可少，但真正的恻隐之心不仅是对人，对天下万物生灵亦然。

古语有云："恻隐之心，仁之端也；羞恶之心，义之端也：辞让之心，礼之端也；是非之心，智之端也。"这句话即是说，同情心就是施行"仁"的开始，羞耻心就是施行"义"的开始，辞让心就是施行"礼"的开始，是非心就是"智"的开始。由此可见恻隐之心的重要之处，如果这个社会没有了恻隐之心，那么人与人之间就会是冷漠的、自私的甚至残酷的。

网络化的时代，有许多人被名利蒙蔽了良知，用虐杀猫狗等新闻博眼球、博出名，吸引一些好奇的围观者，以增加点击率和关注率。肇事者被广大舆论指责时，却振振有词："我自己养的猫狗，想怎么杀就怎么杀。"殊不知恻隐之心是对所有无助的生命给予同情，丧失了恻隐之心的人，如果对无辜的动物手段残忍，对人也很难有仁爱善良之心。

真正的恻隐之心是对生命的尊重，也是衡量基本道德和人性的标准。一个社会缺少恻隐之心，便无法用道德来调整人际关系，无法用纯良的人性净化社会风气。季羡林先生说道，一个社会的道德不是凭空产生的，总要有一定的社会基础，那就是传统文化中的仁爱孝慈、恻隐之心和善恶之心。一个社会的真正和谐，是人与人的和谐，人与自然生物的和谐，人与自身的和谐，三者缺一不可。我们保留了恻隐之心，便能够体谅他人，怜悯动物，宽待自己。

·6·

小心聪明反被聪明误

根据我个人的观察，对世界上绝大多数人来说，人生一无意义，二无价值。他们也从来不考虑这样的哲学问题。走运时，手里攥满了钞票，白天两顿美食城，晚上一趟卡拉OK，玩一点小权术，耍一点小聪明，甚至恣睢骄横，飞扬跋扈，昏昏沉沉，浑浑噩噩，等到钻入了骨灰盒，也不明白自己为什么活过一生。

——季羡林

季羡林先生说：“每个人都想表现得很聪明，但如果一个人老耍小聪明就成了一种愚蠢。”耍小聪明的人头上都悬着一把“达摩克利斯剑”，这把剑随时会落下，所以说耍小聪明是一种极其危险的游戏。

小聪明并非真聪明

季羡林先生不止一次地提到：“无论是安于命运还是抗争命运，都要以承认个人机智局限为前提。知其可为而为之，是聪明的；知其不可为而为之，则是愚蠢的。”小聪明并非真聪明，一个不懂得正确运用聪明的人，难免会失败。

汉末，自恃聪明，又爱卖弄，且又执迷不悟，最后成为荒丘野鬼的杨修，就是聪明反被聪明误的典型例子。据史记载，杨修是曹操门下掌库的主簿，智识过人，但他恃才傲物，小觑天下之士。有一次，曹操得到一盒美味的酥糖，自己没舍得吃，在盒子上写了“一合酥”三个字，放在桌子上就出去了。杨修看见之后，就擅自把酥糖的盒子打开，把酥糖分给左右人吃了。有人担心他这样做会得罪曹操，他却不以为然。曹操回来之后，见杨修把酥糖分给大家吃，不解地问：“为什么把我的酥吃光了。”杨修笑呵呵地说：“丞相亲笔写了‘一合酥’，就是一人一口酥的意思，我正是执行您的指令呀。”曹操听了之后，虽不高兴，也只能称赞杨修聪明，但他内心却已开始忌讳了。

下位者最忌讳的就是让上位者猜忌，可是杨修却不知收敛，一味地想要展示自己，即从一开始便为自己的悲剧埋下了祸种。

小聪明实为真祸患

俗话说，“是金子总会发光”，季羡林先生也说过，如果你是真正的聪明，就不要在别人面前随便“卖弄”。那样，不但会使你的聪明变得“廉价”，有时还会给你惹来不必要的麻烦。例如，杨修的小聪明让他要掉了自己的性命。

有一次，曹操引兵与蜀军作战时因战事失利而进退不得，如果就这样长期拖下去的话，不仅耗费钱粮而且还会挫伤士气；如果真的撤兵就会无功而归，势必要遭人笑话。因此，曹操心里十分犹豫，不知是进是退。这时正好厨子给他端来一道鸡汤，曹操看见碗中有鸡肋，于是感叹道：“食之无肉，弃之可惜。”正当他沉吟时夏侯惇入帐禀请夜间号令，曹操随口说道：“鸡肋！”于是夏侯惇传令众官，夜间口令为“鸡肋”。杨修见传

“鸡肋”二字便让随行的军士们收拾行装，准备归程。夏侯惇问他为何自作主张误传军令，杨修笑道：“鸡肋吃着没有肉，丢了又觉得可惜，这显然是主公对现下战况的分析，也就是说进不能胜，退又怕人笑话，既然留在这儿没有丝毫好处，主公明日一定会下令班师回朝的。”当夜曹操见军士们都在准备行装，非常吃惊，怒道：“我并没有下达撤军的命令，是谁竟如此大胆，让众将士做撤军的准备？”夏侯惇便向曹操解释了杨修的见解，曹操听后大怒，将杨修推出去斩了，并把首级悬在辕门外告诫众将士不得自作主张扰乱军心。

杨修确实很聪明，他能看透别人看不到的问题，也能猜透别人猜不透的意思。可是他也太愚蠢了，不知保护自己，他到死可能都不明白，正是他过分外露的聪明使他成了刀下鬼。在曹操心里，最不能容忍的就是自己的心思被手下人看透，杨修却偏偏自以为是地去揣测曹操的意思，并且大胆地替曹操做决定，殊不知这犯了曹操的忌讳。这一点在当今社会也同样适用，做人万万不可因自己的小聪明而失了分寸，有时一丁点的小聪明会变成大祸患。

聪明反被聪明误

说起聪明反被聪明误，很容易让人想起《红楼梦》中的王熙凤，人们一方面惊叹于她无与伦比的治家才能，应付各色人等的技巧，另一方面又感慨于她的结局。她是文学作品中“聪明反被聪明误”的典型。季羡林先生在说到《红楼梦》时也不禁对这个女子叹息，叹其太过聪明，却又没有用对地方。

这样的女子想尽办法，使用种种计谋，死后却落得个一无所得的下场，岂不正应了“聪明反被聪明误”那句话了？王熙凤只知进，不知退，只知耍小聪明，不知厚道待人，只知损人利己，不知深藏于密。甚至连自己的丈夫也数落她，背叛她，她实在是活得好累好苦，而这一切的根源就在于她爱耍小聪明。

道理就是这么简单，却又无比深奥。俗语云：“搬起石头砸自己的脚”，正好是“聪明反被聪明误”的绝妙写照。

·7·
自省，是一笔精神财富

常言道：“人怕出名猪怕壮。”一点儿小小的虚名竟能给我招来这样的麻烦，不身历其境者是不能理解的。麻烦是错综复杂的，我自己也理不出个头绪来。我现在，想到什么就写点儿什么，绝对是写不全的。

——季羡林

古语云：“吾日三省吾身，为人谋而不忠乎？与朋友交而不信乎？传不习乎？”古人如此，今人又何尝不是如此？到了今天同样需要这种“三省吾身”的道德修养。

季羡林先生也说过，立身不从一步起，如尘里振衣，泥中濯足；处世不会退一步，如飞蛾投烛，羝羊触藩。处世不是八面玲珑的圆滑，不是左右逢源的奉承，而是懂得自省，始终保持自我的高尚情操。

一省言行

季羡林先生不止一次说过，做人要立于言，不断反省自己的言行。一句真诚谦和的话，可以让人如沐春风，获得希望；一句骄傲冷漠的话，能让人丧失信心，陷入悲苦之地。正所谓“知书不可不虚，虚则文理而居；人心不可不实，实则为欲不入”。一个人言行上谦恭有礼，谨言慎行，就能抵抗物欲的诱惑，镇守自我坚实的堡垒，不受邪气歪风侵蚀，练就一个不坏金身。因为世界上一切污秽之物，都污染不了心灵上的纯净以及自省吾身的高尚品格。

有一天，美国陆军部长斯坦顿气呼呼地来找林肯，义愤填膺地说：“总统先生，居然有一位不知好歹的少将用侮辱的话指责我，说我在偏袒一些人！简直荒谬。”林肯听后笑了笑，请这位陆军部长先坐下，然后思索了一番向斯坦顿建议道：“要不你就写一封内容尖刻的信去回敬那个自以为是的家伙，你可以狠狠地骂他一顿。”斯坦顿听后拍腿道好，然后立刻写了一封措辞强烈的信，写好之后拿给林肯看。“对了，对了，就是这样的。”林肯高声叫好，然后将信交还给斯坦顿，拍了拍他的肩膀，“要的就是这个！好好训他一顿，你真的写绝了，斯坦顿，是不是很解气呀？”斯坦顿接过信，点了点头，在写这封信时他的怒火确实得到了很好的发泄。但是当斯坦顿要把这封信叠好装进信封里时，林肯却叫住他问道：“你这是要干什么？”“寄出去呀。”斯坦顿有些摸不着头脑了，疑惑地望着总统先生。“不要胡闹。”林肯摇了摇头说道，“这封信不能发，快把它扔到炉子里烧掉吧，凡是生气时写的信，我都是这么处理的。这封信写得很好，而且在写的时候你已经解了气，现在感觉好多了吧？那么就请你把它烧掉，再写第二封信吧。”斯坦顿听后茫然地点了点头，按照林肯的指示把信烧掉后陷入了沉思，不一会儿，他又拍着大腿站了起来，一脸惊喜地看着林肯："总统先生，我想我明白您的意思了，我这就去写第二封信。"说着，他就欢喜地跑出了林肯的会客室。很快斯坦顿写好了第二封信，收到这封信的少将看完信后也找他道了歉。原来，斯坦顿听了林肯的话后就开始反思自己，是不是自己的言行出了纰漏，所以才让那位少将产生了误会，想清楚之后他把自己真实的见解写在了信里，寄给了那位少将。

面对斯坦顿的怒气，林肯先让他写信把怒火发泄出来，然后让他在平息怒火后再仔细地反思、思考一番，考虑清楚这件事该如何解决。而斯坦顿在怒火发泄之后经过一番深思熟虑，也找到了问题的所在，并用正确的方法解决了，从而避免了矛盾的进一步恶化。这个故事告诉大家，人生中难免有不如意的时候，也难免会遇到他人的误会，当你满怀怒火想要攻击他人时，可以采用迂回的策略，先将怒气发泄出来，然后再冷静下来，反思自己的言行举止是不是有什么让人误会的地方，这样既不会伤及他人，也是最好的自省言行的方法。

二省作为

"孤云出岫，去留一无相系；朗镜悬空，静躁两不相干。"自省需要内心的坦荡无私，给心灵留下一片宁静、一片真诚。以一种坦然的心境面对世界，不被表面的光辉与浮华所蒙蔽，不让耀眼的繁华遮挡心灵的真实，便能时刻自省行为，对他人坦诚以待，及时更正自己犯下的错误。

有一次，日本松下集团的一位下属因欠缺经验而使一笔贷款难以收回，让公司财务遭遇了损失，松下幸之助知道这件事后勃然大怒，于是在公司的大会上狠狠地批评了这位下属。在怒火平息之后，松下幸之助为自己的过激行为感到深深的不安。他仔细想了想，那笔贷款发放单上他自己也签了字，而自己的下属也只是因为没有摸准具体情况，才犯下了这样的错误，他自己也应该负一定的责任，既然如此，那么他就不应该严厉地批评下属。想通这件事情之后，他马上打电话给自己的那名下属，并且诚恳地向对方道歉。恰巧那天这位下属乔迁新居，松下幸之助知道后便立即亲自登门祝贺，而且还亲自动手帮助下属搬家具，忙得满头大汗。搬家结束后，这位下属对于松下幸之助的行为非常感动，也承认确实是自己的失误，让公司蒙受了损失。不过这件事情并没有就此结束。一年后的这天，这位下属收到了松下幸之助的一张明信片，上面写了一行字："让我们忘掉这可恶的一天吧，重新迎接新一天的到来！"看到这张来自松下幸之助的明信片，这位下属感动得热泪盈眶，在之后的生活中也更加认真尽责。

在认识到自己的错误之后，能够主动向他人道歉，虽然是一件很小的事情，但是它的背后却折射出一个人的自省行为。一个敢于坦荡面对自己内心的人，才是一个智慧的人，只有不断反省自身的作为，才会在小事中彰显出高尚诚恳的品格。做人只有主动承担责任，主动纠正错误，谨慎自省行为，才能取得更大的进步和成功。

三省修养

"知情趣不在多，盆池拳石间，烟霞俱足；美景不在阔，居篷窗竹屋之下，风月亦奢。"一个人自省修养，可以清空心中所有的欲念，重拾身边的一个个温暖，哪怕只是微小的幸福与感动。自省修养，也可以清楚心中的渴望，重数过往的得失，哪怕只是点滴的欢笑与泪水。自省可以重整内心的坚毅与信念，从而在自省后寻找到心灵的归宿。

1860年，林肯当选为总统后，任命参议员萨蒙·蔡斯为财政部长，有许多人反对这一任命。蔡斯虽然能干，但十分狂妄自大，他本想竞选总统之位，最后却输给了林肯。蔡斯认为自己比林肯强得多，即便当了财政部长，也仍对林肯非常不满，并且一如既往地与他较劲，对总统之位虎视眈眈。

曾经，有很多人都不能理解林肯对蔡斯的容忍，林肯知道这件事后，给他们讲了这样一个故事：“在农村长大的朋友们一定都知道什么是马蝇，有一次，我和我的兄弟在肯塔基老家的一个农场犁玉米地，我吆马，我兄弟扶犁。这匹马非常懒，让我们费尽了力气，可是它在走到地中间时却突然飞快地跑了起来。等到了地头，我们才发现原来是一只很大的马蝇正叮在它的身上，我随手把打掉了马蝇。那时我兄弟问我为什么要打落马蝇，我说因为我不忍心看着这匹马被咬，我兄弟却说正是因为这匹马被马蝇叮着才会跑得这么快。后来的情况证实了我兄弟的说法，那匹马在摆脱了马蝇之后又懒散了起来。”听完这个故事，这些人都面面相觑，林肯看着大家不解的眼神便向他们解释了一下这个故事：“如果现在有一只叫‘总统欲’的马蝇正叮着蔡斯先生，那么只要有它在就能使蔡斯和财政部不停地跑起来，而我也不想去打落它。”这些人听后恍然大悟，纷纷赞叹林肯的聪明智慧。

让一个人臣服有千万种方法，可是林肯却不在意有人跟他争夺总统，他用道理解除人们的疑惑，让大家真正明白问题的关键：蔡斯针对林肯这件事并不重要，重要的是蔡斯以此为动力，让美国的经济获得发展。不可不说，林肯的修养很高，正是对自我修养的省察，使他懂得因材致用，宽容他人，成就更大的事业。

做人要学会自省，每天都要去反省自己的言行、作为、修养，在不断的自省之间学会成长，等到年老之时，将不难发现自我反省是人生中最大的一笔精神财富。

· 8 ·

一身硬骨，不亢不卑

“硬骨头、软心肠”阐述了做人的道理。“硬骨头”是说为人要有骨气，不卑不亢，伸张正义。“软心肠”是让我们有一颗博爱的心，悲天悯人，善事善行。

——季羡林

《周易·系辞下》中有言：“上交不谄，下交不渎。”谄是谄媚讨好的意思，渎是轻侮的意思。这两句的大意是：结交地位高的人，不谄媚讨好；结交地位低的人，不轻慢卑视。季羡林先生也曾说过人不可无硬骨，做人要不卑不亢，保持人格，不要卑躬屈膝。

不卑不亢蕴于智慧当中

季老认为，不卑不亢是一种为人处事的态度，也是一个人品格和智慧的体现。《孟子》中有言：“强者不劫弱，贵者不傲贱。”无论强或弱，都要有不卑不亢的气度，坦荡真诚地做人。

不卑不亢是有勇气运用智慧表明自己的立场，维护自我的尊严。在美国，有一个叫道格拉斯的富豪曾经这样挖苦当了总统的林肯：“我刚认识你的时候，你还在杂货店里卖雪茄和威士忌，确实是个难得的酒店招待。”说完之后，他一脸高傲地看着林肯，周围的人也被总统先生的不堪过往所吸引。顿时，人们都停下来手头的动作，看向林肯。在感受到大家的注视和这位富豪对自己的不怀好意之后，林肯却只是笑了笑，然后不卑不亢地回答道：“你说得不错，我曾经开过杂货店，卖过棉花、蜡烛、雪茄、威士忌，你也曾是我最好的顾客，当时你站在柜台那一头，我在这一头，不过现在却不同了，我已经从柜台的这一头离开，可是你依然顽强地站在那一头不肯离去。”众人听到林肯的回答之后纷纷鼓起了掌，而那个意图让林肯出丑的富豪道格拉斯只能在自讨了一个没趣之后灰溜溜地逃走了。

道格拉斯本想揭开林肯不太体面的过往，借此来羞辱他，想让他难堪，孰料最后搬起石头砸了自己的脚。林肯以他不卑不亢的态度告诉世人，他以前的经历确实不够光鲜亮丽，可是他通过不断努力，勇往直前，一直奋斗到总统的地位。而道格拉斯却是一如既往守着以前的位置上，以前是一个傲慢的老板，如今仍然霸道无礼，根本毫无进步。

不卑不亢蕴于智慧当中，正所谓智慧者自得尊严。季羡林先生说，人不可无硬骨，但硬骨不是野蛮的强横，运用智慧展现不卑不亢的态度，这才是正确的为人处世之道。

以不卑不亢反击羞辱

世界上每一分钟都有强权欺压弱者的事情发生，以己之强势羞辱他人，并以此沾沾自喜，这样的例子比比皆是。但不卑不亢的人往往一身硬骨，不畏强权和暴戾，以勇敢和智慧反击不公平的待遇。

有一位美国记者在采访周恩来总理的时候，看到他桌子上放着一支美国产的派克钢笔，便用带着几分讥讽的口吻问道：“请问总理阁下，既然您说自己是堂堂正正的中国人，那么为什么还要用我们美国产的钢笔呢？”

周总理听了这位记者的话后，自然明白了其中的嘲讽，可是他却只是淡淡一笑，然后风趣地说："谈起这支钢笔呀，其实说来话长，这是一位朝鲜朋友在抗美援朝战场上的战利品，他把这支笔作为礼物赠送给我。我无功受禄，本来应该拒收的，可是那位朝鲜朋友却说让我留下来做个纪念，我觉得这支笔确实有它的意义，所以就留下了这支由贵国生产的钢笔。"那位美国记者听到周总理的解释之后顿时哑口无言，灰溜溜地结束了采访。

这位美国记者可谓是搬起石头砸了自己的脚，他本意是想借这支钢笔挖苦周总理，顺便嘲讽中国的落后，在他看来你们中国虽然取得了抗战胜利，获得了民族独立，却依旧是落后的，连一支好一点的钢笔都不能生产出来，一个国家总理居然还要用从我们美国进口的钢笔。结果周总理却说这是朝鲜战场的战利品，三言两语就把主动权握在了自己手里，反而使这位记者丢尽颜面。周总理在外国记者面前的不卑不亢值得每一个中国人为其赞叹，他用自己的无双才智维护了中国的尊严。

世上的智慧者虽然有时处于劣势，但是他们不卑不亢，坚定自己的立场，一身硬骨，以机智对抗强权和压迫，绝不卑躬屈膝。一身傲骨，不卑不亢，面对他人的嘲讽，面对屈辱，不要意气用事，不要被他们激怒，不要让怒火燃烧掉理智，试着用不卑不亢的姿态面对，用机敏的才智去化解，时刻谨记，贫贱不能移，威武不能屈。

·9·

我以朴素为美

文学的最高境界是朴素，我以朴素为美。

——季羡林

季羡林先生曾经骄傲地说：“我以朴素为美。”他为何要这样说呢？因为在生活中有太多的浮华、虚荣，掩盖了人们心中的那份淡雅与朴素。世界充满了诱惑，许多人沉迷于虚浮的名利，声色犬马。而季老却主张回归本真，因为朴实与淡泊是人类心灵最原始的姿态。繁华就像树木的花叶，终会凋落飘零，而朴素则是树木的根系和枝干，任风雨严冬来袭，仍可生长持久。

朴素之美

季羡林先生平日的生活简单平淡，读书写作，品茶看花。在他的心里，这样朴素的生活有一种简单平淡的美感。

《三国志》里有一个很值得玩味的细节，曹操与袁绍欲进行官渡之战，谋士郭嘉认为曹操一定会赢。曹操不解，问他为什么如此肯定，郭嘉说：“绍繁礼多仪，公体任自然。”意思是说袁绍非常喜欢奢华的生活，必受奢靡所累，而曹操生活简朴自然，打仗时一切从简，减少了许多顾虑和束缚，因此必胜无疑。果然，官渡之战后，曹操来到袁绍的营中，发现大量的花木、字画、金石和古董，因为袁绍一向以风雅自诩，就连打仗也带着这些繁缛的东西，在无形中影响了士气。

因此，减少外物对内心的羁绊，简单淡泊地生活，才会清空心中无谓的杂念，专心做对自己有意义的事情，方能成就人生的大事业。欲念太多，应酬太多，浮华太多，虚荣太多，就很难对生活认真专注，身心浮躁，便无法在战场上成为一个常胜将军。

“夫君子之行，非淡泊无以明志。”明志，是朴素之美的一大目标。朴素的生活不是刻意节俭吝啬，在物质上斤斤计较，过一种苦行僧似的生活，而是去除不必要的繁缛和修饰，清扫内心堆积的欲念和污秽，让心灵获得宁静，然后轻装上阵，以一种简朴的态度追求更有价值的东西。

朴素之情

季羡林先生晚年对朴素之美深有体会，他说生活中不需要过多的装点修饰，不需要宝马香车相伴相随，只需要一些清爽的佐料，如阳光、空气、健康、理想。这种朴素代表了一个人的情绪，贯穿到生活和工作当中。因季老有朴素之情，就连他写的文章也行云流水，不事雕琢。

季老的文章从不提倡华丽辞藻，他认为语言的最高境界是朴素，因此写文章、做学问都以朴素为前提。读者在季老的文章中永远看不到过度修饰的文华，但字字真挚动人，简单素雅犹如出水白莲。

在生活上，季老先生更不愿追求奢华复杂，他吃饭穿衣都简单自然，从不贪恋饕餮大餐，一件衣服可以穿十几年，对那些昂贵的奢侈品更是没有概念。

朴素之心

在起伏波动的人生当中，季羡林先生看到了金钱权贵、虚情假意都是一场泡�般的繁华。世间有再多沧桑，原本的朴质之心也不该荒芜。这个世界其实很简单，只是人心变得复杂，其实人心本来也很简单，只是被名利所困，熙熙攘攘，忙忙碌碌，丧失了一颗朴素之心。

简单的一碗饭菜足以填饱肚子，再富有的人每顿也只能吃那一碗饭，满桌鸡鸭鱼肉只是满足眼目的欲望。同样，简单的衣服足够使一个人外表干净，简单的婚礼足以令两个相爱的人甜甜蜜蜜。生活得简单是为自己，只有简单朴素，才能真正获得身心的健康。吃过多奢华的食物，穿过多繁琐的衣服，身边环绕过多不必要的物品，只会让人越来越累。

朴素是简单，是平淡，是天然去修饰的自然唯美。生活的简单，好比生命巨幅中的几笔线条，不疏不密，不拥挤也不空虚。一个人保有简朴的心，就像一碗清爽的汤，总能从中品出生活的好味道。那些生活中的繁杂，如同宣纸上沉重的墨迹，是数不清的城府、欺诈、处心积虑。

朴素是神思的凝结，季老腹有诗书气自华，一生追求简单的快乐，随心随性地生活，如同唐代诗人王维所言：“行到水穷处，坐看云起时。”朴素的简单才是人生的升华，以朴素为美，是智慧大师季羡林的生活写照。在他的文章中、书籍里，人们能悟出这种简单与淡然。

·10·

做最真实的自己

做最真实的自己，也就是性情中人。

——季羡林

季羡林老先生不止一次的地说道，他自己喜欢的人是这样的：“质朴、淳厚、诚恳、平易；骨头硬、心肠软；怀真情、讲真话；不阿谀奉承、不背后议论；不人前一面、人后一面；无哗众取宠之意，有实事求是之心；不是丝毫不考虑个人利益，而是多为别人考虑；关键是一个‘真’字，是性情中人。”自己过得什么样就是什么样，没有必要打肿脸充胖子，虚荣心是要不得的，做最真实的自己才是人生最有意义的事情。

平凡的真实

季羡林先生说，人越是优秀，就越容易隐藏自己最真实的一面，因为怕自己不好的一面被人们发现，从而被人们指指点点、说三道四。可是人非圣贤，孰能无过？无论是谁，面对自己的过失，敢作敢当，勇于改正，才是最正确的态度，这会让更多人欣赏你坦然面对错误、勇于改正缺点的人格魅力。

诺贝尔文学奖得主莫言曾说，他在得知自己获得诺贝尔文学奖的时候，又惊喜又惶恐。毋庸置疑，在这巨大的荣誉面前，“惊喜”是人之常情，而莫言的“惶恐”又是从何而来的呢？莫言说，他之所以会感到惶恐，那是因为他知道在有了这层光环之后，就会有很多人盯着自己找毛病，然后为难自己。在很多人的心目中，一个普通人有这样或那样的毛病都是很正常的事情，可以被人们所理解和接受，可是当这个人不再普通，当他成为文学界的作家、娱乐界的明星、科学界的人才之后，在他们身上是容不得一丝一毫的错误或瑕疵的。现实就是如此，生活中难免会有一批又一批的记者跟在那些名人、明星的后面，近乎疯狂地观察着他们的一举一动，只要他们的言行稍有欠妥或过失差错，就会被舆论利器大肆渲染，从而以此吸引观众和读者的眼球。普通大众看到这些所谓的名人偶像也会犯错之后就会抓着不放，由此引发一批又一批的批斗与议论，因为在他们看来，这些人是不应该犯错的。

在这巨大的压力面前，只有一个办法，就是做最真实的自己。再怎么成功出众的人终究是凡人，既然是凡人自然不可能做到事事完美，也无法保证时时顺心，是错是对、是真是假，自然有其衡量标准，没有谁高人一等，故而也无需担忧自己做得好与不好，只要坚守住本心，不要被名利蒙蔽了双眼，坚持自我，坚守本心即可。

真实的自我

影视明星陈道明年过六旬却依旧神采奕奕，然而作为一个众人眼里的超级大腕，他在生活中却是异常简单的。不拍戏的日子里，陈道明喜欢看书、写文章、画画、下棋，他在接受记者采访时曾说：“在阴雨的日子里，我愿意一个人写东西，我想写杂文，但是很难。杂文的味道需要在一个环境、一个意境中去体会，把心洗净，去掉杂念，写一句，思三思，踱五步，方可出杂文。”便是因为如此，陈道明一直保持初心，不因名利而傲，他衣着简单，生活亦是简单。陈道明坚持自己做家务，也很少参加应酬，纵然在演艺圈有着崇高的地位，可是他依旧坚持本心，不忘初心，他从来不去追名逐利，只想做最真实的自己。

耶稣说：“一个人赚得了整个世界，却丧失了自我，又有何益？”得到再多，站得再高，却失去了本心 ，这又有什么意义？人们在陷入困境的时候总会去求神拜佛，希望得到救世主的救赎。而人们却忽视了，对其而言，真正的救世主就存在于身，那便是清明宁静的自我。只要守住了它，就可以救赎自己，就可以坚守住本心；守不住它，一味地沉沦，便会浑浑噩噩，随波逐流。

简单的真实

大千世界，纷繁复杂，人物形形色色，事情千奇百怪，而简单则是生命留给这个世界的美丽形式。简单亦可以分为多种：可以是生活的简单，也可以是头脑的简单；可以是表面的简单，也可以是内在的简单。简单并不是平庸，也不是糊涂，恰如爱默生所言：“任何事物都不及‘伟大’那样简单；事实上，能够简单便是伟大。”

居里夫人不为名声所累，拒绝了法兰西大学理学院发给她的荣誉勋章，只要了一个实验室供她做实验，继续她的研究。胸怀宽广、潜心研究、心无旁骛、不慕名利，所以居里夫人才能不断地取得成功，她用最简单的方式去追求内心所求，坚持真我本色，这一份坦然世间少有。而这一点则与季羡林先生所为有着异曲同工之处，先生当初辞去“三桂冠”，只为能够潜心于文章写作与学术研究。不论是在居里夫人心里还是在季羡林先生心里，他们坚持的始终是自己的研究，名利地位于他们而言只是浮云罢了。

佛曰："一花一世界，一念一清净。"其中所求的便是最简单的真实。简单实质上是一种面对纷杂喧嚣的清醒，也是在名誉地位面前的理智自持。事以简为上，言以简为当，拥有简单的心境，去追寻最真实的本心，这便是所谓的简单的真实。恰如季羡林先生所言："怀真情，讲真话；不阿谀奉承，不背后议论；不人前一面，人后一面；无哗众取宠之意，有实事求是之心。"追寻简单便是追寻真实，做到最简单的真实便能做到最真实的自我。

做最真实的自己，这不仅是一种人生态度，更是值得人们追求的至高无上的生存境界，一个人要想取得成功并不难，难的是在成功之后能够守得住成功，在到达一个人生高点之后去开启另一个高峰。坚持最简单的真实，做最真实的自我，在平凡的生活中去赢取不平凡的成就，也许这就是季羡林先生所崇尚的一种人生境界吧。

·11·

人不可一日无德

我认为，能为国家、为人民、为他人着想而遏制自己的本性的，就是有道德的人；能够百分之六十为他人着想，百分之四十为自己着想，他就是一个及格的好人。

——季羡林

道可以承载一切，德则可以昭示道的一切。所谓大道无言无形，道是看不见听不到摸不着的，只能通过思维意识去认识和感知它；而德，却是道的具体实例，是道的体现，是能看到的行，是感知后进行的行。韩愈在《原道》一文中提出："博爱之谓仁，行而宜之之谓义，由是而之焉之谓道，足乎己勿待于外之谓德。"意思就是，博爱叫作"仁"，恰当地去实现"仁"就是"义"，沿着"仁义"之路前进便为"道"，使自己具备完美的修养，而不去依靠外界的力量就是"德"。季羡林先生也曾写过一篇文章《漫谈伦理道德》，文中引经据典，对"德"字进行了论述分析，在他看来只有处理好人与自然、人与人以及个人本身三者之间的关系才能实现最高道德。

公共道德

“道德”问题是当今社会讨论得最多的一个问题，现实生活中也充斥着各种各样的道德问题。季羡林先生曾提起：“现如今以德治国的口号已经响彻祖国大地，而且得到了人们的广泛响应。”那么为什么现如今道德问题依旧困扰着公共大众？道德是人们心中的一道坎，公共道德是一个国家国民素质的体现。

那么什么是公共道德呢？公共道德就是人们对善恶、荣辱、美丑现象的认识和判断，从而形成一种公共生活规则。公共道德的水平高低影响着社会秩序、风气和凝聚力，也是社会文明程度的重要标志。季羡林先生主张，每个人都要从个人的“仁心”、“兼爱”推广到他人和天下，以个人道德为基础，形成良好和完善的公共道德。当社会中每个成员都遵循了公共道德，也就会创造出一个和谐安定的社会环境。

“德”的本意是顺应自然、社会，以及人类客观需要去做事，不违背自然规律发展去发展社会，所以说做人要有道德之心，从身边的细微小事做起，讲求社会公德，构建和谐社会。

待人以德

古语有云：“人之立身，德行为先。”中华民族素来崇尚道德，讲求待人以德，无论做什么事都要有公德心，以德服人，因为有道德修养的人是精神上的巨人，是受人尊重的人。

《三国演义》中七擒孟获的故事可谓是众所周知。相传，孟获是当时南中地区的豪强，深得当地人的信服。公元225年3月，诸葛亮决定亲自率军平定南中叛乱，他在听说孟获的为人之后便想生擒他并且劝服他归顺蜀汉。诸葛亮在泸水战斗之后第一次成功地俘虏了孟获，于是带着孟获到营阵观赏，问他觉得蜀军如何，孟获却傲慢地答道："我之前是因为不知道你军的虚实，所以才战败被俘，现在能够观看营阵，才发现问题所在，如果再给我一次机会一定可以战胜你们。"诸葛亮听后便笑着将他放走，并且约定再战。众将对诸葛亮的此举都感到十分不解，询问缘故，诸葛亮笑了笑说："我要捉他，就如探囊取物一般容易，可是只有让他口服心服，真心臣服于我，南方才会真正得到平定。"之后，诸葛亮对孟获七擒七纵，孟获和其他的土著首领终于对诸葛亮彻底信服了，蜀军得以成功平定南中。

诸葛亮要生擒孟获的确不难，可是于诸葛亮而言，孟获是难得的将才，并且是他们此行制胜的关键，诸葛亮开始虽然生擒了孟获，可他自己也知道，抓住他的人并不代表抓住了他的心，也不代表孟获可以就此为他所用，正因为诸葛亮深谙用人之道，最终才能以德服人，让孟获真心归顺。待人以德即要尊重他人，并且以德服人，用自己的德行去感化别人。待人以德，内心少一些抱怨，少一些仇恨，只要每一个人都能做到这一点，那么这个世界就会充满公德，充满爱。

人不可一日无德

古人云："人可一生不仕，不可一日无德。"由此可见德行于一个人而言是何其重要。

北宋时期有一个叫杨时的进士，他特别喜欢钻研学问，时常寻师访友，曾经就学于程颢门下，程颢死后，遵循兄长意愿，其弟程颐将杨时收入门下。有一天，杨时同一起学习的游酢向程颐请教学问，却不巧赶上老师正在休息，于是杨时便劝告游酢不要惊醒老师，两人静立门口，等老师醒来。不一会儿，下起了鹅毛大雪，并且越下越急，游酢实在冻得受不了了，几次想先回家，改日再问，都被杨时阻拦住了。程颐一觉醒来后，发现门外的两个雪人，深受感动，从此以后更加尽心尽力教导杨时，杨时也不负重望，最终成为一代大家，世称“龟山先生”。

从“程门立雪”这个故事中不难看出杨时的高尚品德，他的德体现在对自己的严格要求之上，虽然老师在休息，不知道他来了，可是他依旧保持对师父应有的尊重，恭敬请教。同时他的德也体现在对老师的态度上，以德待师，最终赢得老师的赏识。诚如季羡林先生所言，一个人自身的品性是其个人道德的体现，立人先立德，德行于人而言是十分重要的。

诗人但丁曾经说过：“一个知识不全的人可以用道德去弥补，而一个道德不全的人却难以用知识去弥补。”做人不可一日无德，一个有德行的人从不自仗身份，严于律己，宽于待人，像季羡林一样的国学大家、北大校长尚且可以放下身份去帮学生看行李，又何况是普通人呢？而所谓的“德”不仅仅是指自身道德，而且指待人之德、社会公德，真正有德的人该是三者皆有，拥有至高无上的道德观念。

NO.2

应尽便须尽，无复独多虑

——季羡林谈处世哲学

人们经常把“为人”与“处世”结合在一起来说，即是说，要学会做人，也要学会处世。所谓的处世简单来讲就是做事，词典上给出的解释是：“指在社会上活动，与人相处。”真正聪明的人，无论是为人还是处世，都能做到处处周全，这些人往往能够取得成功。而不懂得人情世故的人，哪怕胸怀大志、能力突出，也很难得到好的结局。

对于人与人的关系而言，季羡林先生认为所谓的处世之道是指：“对待一切善良的人，都应该有一个两字箴言：一曰真，二曰忍。真者，以真情实意相待，不允许弄虚作假。忍者，相互容忍也。”而对于其他方面而言，处世之道可以是淡泊明志，也可以是洞明世事。“应尽便须尽，无复独多虑。”本章便依据季羡林先生笔下的处世之道，从交友、待人、待己、做事等几个方面展开描写，通过十一篇文章向大家展示何为处世、如何处世。

·1·成人之美，不成人之恶

自己生存，也让别的动物生存，这就是善。只考虑自己生存不考虑别人生存，这就是恶。

——季羡林

《论语·颜渊》有言："子曰：君子成人之美，不成人之恶，小人反是。"那么什么是成人之美？所谓成人之美便是成全别人的好事，尽可能地去引导、鼓励帮助别人完成心愿。季羡林先生说，成人之美是一种高尚的品德，它需要宽广的心胸和助人为乐的精神。患得患失，凡事都要算计自己能得到多少利益的人，是很难做到成人之美的。

己欲立而立人，己欲达而达人

孔子说："己欲立而立人，己欲达而达人。"这句话即是说，要想自己站得住就要使别人也能站得住，自己做到通达事理也要使别人通达事理。引申开来，就是说做人不但要自己好也要成全别人之好，自己富也成全别人之富，自己能做什么也成全别人能做什么，有钱大家赚，有快乐大家分享。

很多人不知道，第一次登陆月球的人，除了众所周知的阿姆斯壮外，还有一位——奥德伦。然而在庆祝登陆月球成功的记者会上，有一个记者问了奥德伦一个很特别的问题："请问奥德伦先生，因为是阿姆斯壮先下去，便因此成为登陆月球的第一个人，你会不会觉得有点遗憾？”在全场人有点尴尬的注目下，奥德伦微微一笑，很有风度地回答道：“各位，千万别忘记了，回到地球时，我可是最先出太空舱的。”他环顾四周继续笑着说：“所以我是由别的星球来到地球的第一个人。”

正如奥德伦所言，成功不必在我，团队的成功就是我的成功。季羡林先生也常常劝勉世人，要学会欣赏他人的成就，要学会从心底里给别人热烈的掌声，“成人之美”不但是一种修养，更是一种美德。

竭尽己力，帮助他人

季羡林先生说，自己相信这世上有那么一种人，他们竭尽自身去成就他人，这也不失为成人之美的一种表现。有些人自己活得并不好，甚至一贫如洗，却仍然能够成全别人。显然，要做到这点并不容易，成人之美不是一般人所能轻易做到的。

提起白芳礼，人们便不由得会想到这样一段话：“一位年逾九旬的病弱老翁，一辆破烂不堪的旧三轮车，一个老人无私奉献的感人情怀，一个二十年助学的惊人神话。”这位祖辈贫寒，13岁起就给人打短工，从小没念过书，每日里早出晚归、辛劳奔波的老人，却在74岁时决定做一件大事，那就是靠自己蹬三轮的收入帮助贫困的孩子实现上学的梦想。这一蹬就是十多年，直到他将近90岁。

他尽自己的全部力量，支撑起一片灿烂天空，温暖着无数学子。老人每月都会把自己省下来的钱拿到附近的学校给困难的学生当生活费，而已是风烛残年的他，却过着极为俭朴的生活。他除了不买衣帽鞋袜外，连吃的东西都尽可能地节省，经常是两个冷馒头加一瓶凉水，就一点点咸菜。白芳礼就是这样，节衣缩食把自己蹬三轮车的所得全部捐给了教育事业。

这些年来，他的捐款金额高达35万元。如果按每蹬1公里三轮车收5角钱计算，老人奉献的是相当于绕地球赤道18周的奔波劳累。当记者问及老人对受他资助的孩子有什么要求时，老人的回答很朴实：“我要求他们好好学习，好好工作，好好做人，多为国家做贡献。”

白芳礼的成人之美成就的是大义，他用尽自己的全部力量去帮助莘莘学子，他不求对他个人的回报，只希望这些孩子能够报效祖国，这般大义值得世人尊敬。

成人之美，不成人之恶

成人之美，是君子完成自己、实现自己的一种方式。而君子完成自己有两种方式：一是修身治心，即“成己”；一是推己及人，即“成物”。君子所“成”的别人之美好，其实也是自己的美好。其所求的不仅是心灵相通，而且也是心灵的相融，即是所谓的“充其忠爱之心于人之美，其乐之如在己也”。

庄子笔下曾经写过“郢人运斤”的成语故事，说的是在古代有个郢人，擅长于挥舞斧头，可以把斧头舞得如同一阵风，令观者叹服。郢人在表演的时候，有一个搭档，名字叫质。表演之前，质会在鼻子上涂上薄薄的一层石膏粉，郢人一斧头舞下去，可以将石膏粉轻而易举地削去，却半点也不会伤到质的鼻子。这个故事一方面赞美了郢人的高妙技艺，另一方面也赞美了质精妙的配合与一心一意的成全精神。从某种程度上来说，郢人的高妙技艺是被质开发诱导出来的。而在故事中，质死了之后郢人就再也不能舞斧头了，其中道理可谓显而易见。自此以后，人们就将质作为最好的朋友的代名。为此，宋人王安石也曾写诗赞曰：“便恐世间无妙质，笔端从此罢挥斤”，意思便是说，如果没有美妙的“质”来成全，再美好精彩的创造也会绝迹于世间。

郢人正是有质这个朋友才得以成功展示自己的超群技艺，于郢人而言，正是质的配合成就了他，这就是所谓的成人之美。当然，毫无原则、不分善恶地成全别人不见得是成人之“美”，而是成人之恶，如果质的朋友是一个恶人，他通过坑蒙拐骗而获取财富，那么作为一个君子，质便不会像成全郢人一样成全这个恶人。真正的成人之美应该是成全他人的好事，为其实现愿望。

《大戴礼记》说：“君子不先人以恶，不疑人以不信，不说人之过，成人之美。”无论是在古时还是如今，是否有成人之美的高尚品格被视为检验一个人是否是真君子的一项准则，而真正的成人之美不仅是行动上的义举，而且也要注重其中的本质含义。恰如季羡林先生所言，要凭借宽广的胸怀去真正做到成人之美，而非成人之恶。

·2·
有为，有不为

“为”，就是“做”。应该做的事，必须去做，这就是“有为”。不应该做的事必不能做，这就是“有不为”。

——季羡林

古人曾有一言说：“无可无不可，应世法也。有为有不为，守己法也。”又一言说：“人有不为也，而后可以有为。”那么何为有为？又何为有不为？所谓君子有所为，有所不为，即是说对于品德高雅的君子而言，有些事可以做，有些事不可以做。季羡林大师也曾说，有为与有不为结合起来才足以代表一个人的完美人格。

坚守自我

无为与有为，即是说对于自己认为是对的、合理的事情，一定要敢于坚持，当仁不让，对于自己的责任，要有担当，不能推脱。当身处乱世或不好的社会风气中时，一定要有自己的底线，“有所不为”，即是纵然不能“兼济天下”，也要做到“独善其身”。坚持原则并不只是说说那么容易，要做到“虽千万人，吾往矣”，有时需要的是极大的勇气，并且还有可能要为之付出很大的代价。

如此说来，有不为便是坚守本心而不同流合污，拥有“举世皆醉我独醒”的超然意志的陶渊明是一位农者、一位隐者，更是坚持自我的杰出代表。他不肯为区区五斗米折腰，更不愿因世间的浑浊而搭上自己的清白，于是他归去来兮，在田园之中且行且歌，享受风飘飘而吹衣的快然自足，即使误落尘网中，他也深知自己的归处，深知自己做人的原则。因此，他不为官，不入仕，只做淡泊自足的隐者，实现了自己别样的价值。

而季羡林先生先生所谓的“有为，有不为”也不过如此，他不仅是这样说的，也是这样做的，面对人生的起伏，他始终坚持本心，坚持自己，始终知道自己想做什么、该做什么。“文革”期间，面对人生低谷，他不气馁、不焦躁，始终以一颗平和之心面对一切，因为于他而言——有为：笔墨文章乃他所为，他要做的就是一心于学术，专注于自己的事业；有不为：曲意逢迎，抑郁难安乃他所不为。后来，回忆起这其中的波折、低谷，季羡林先生不过淡然一笑，在他眼里没有什么名誉利禄，就如他坚持辞去“三桂冠”，那十年的波折于他反而是机遇，一个安心于学术的时机。做自己想做的、该做的，不沽名钓誉，季羡林先生用自己一生的际遇向世人正确阐述了何为“有为，有不为”。

坚守大义和本心

所谓“有为”，即是为君子之义，是敢于剖析与坚持自我；所谓“有不为”，即是不为庸俗之行。既然“有为”，那么便要坚持而为之；既然“有不为”，那么便要坚持不为之。新中国成立初期，马寅初发表《新人口论》后，面对几乎是举国上下的大批判，他的反应是：“我对我的理论有相当的把握，不能不坚持，学术的尊严不能不维护，只得拒绝检讨。决不向专以压服不以理说服的那种批判者投降。”此外顾准、张志新等人也支持马寅初的主张，他们专攻可能不同，层次自有高下，但当为必为、坚持真理、坚持原则的精神则是一致的。

一个人的时间是有限的，在有限的时间里，要想做出一点成绩，必须有所选择。中国的哲人说：“人生一世间，如白驹过隙耳。”西方的哲人说：“生命短得不够扯鸡毛蒜皮。”因而，要为自己设置好目标，目标以外的要割舍，要坚守本心，坚守大义，集中全力去做好心中之事。

无论遭遇什么样境界都坚持有所为有所不为的的李清照，从不与小人同流合污。自从赵明诚客死他乡后，李清照独身一人肩负一家之重，她再嫁张汝周，孰料所托之人是卑鄙小人，然而她依旧坚持自我原则，宁可自己入狱，也要揭发张汝周的小人之行。对于李清照这样一个手无缚鸡之力的温婉女子而言，是何等的勇气让她做出这样的事呢？同样，也正是由于她的坚守，后人不仅记住了她那些凄切婉转的词作，更记住了她坚贞不屈的高贵品质。

“有为有不为”出自《孟子》：“人有不为也，而后可以有为。”这短短11个字却蕴含了人生的大道理。作家冰心也曾把“有为有不为”几个字当作自己的座右铭，时时反省自身的知识、道德与修养，坚持有所为，有所不为，坚守大义，坚持本心。如季羡林先生所言，一个人要知道该做什么，不该做什么。

·3·
不要把别人当傻瓜

天下有没有傻瓜？有的，但却不是被别人称作“傻瓜”的人，而是认为别人是傻瓜的人，这样的人自己才是天下最大的傻瓜。

——季羡林

生活中，总有人认为自己很聪明，经常卖弄自己的小聪明去戏弄别人，结果却适得其反，不仅让自己在事情之上失了先机，也失了人心。大部分人都会厌恶那些投机取巧、虚伪奸诈之人。季羡林先生也不止一次提到，做人不能耍小聪明，不要把别人当傻瓜，否则最终吃亏的是自己。

自作聪明的人

季羡林先生说，不要把别人当作傻瓜。这世上不乏聪明有能力的人，真正聪明的人会正确利用自己的聪明才智，去创造属于自己的辉煌，而那些愚蠢的人却自以为是、自作聪明，最终将自己送入歧途。

西方有这样一则寓言：在太平洋的一个荒岛上生活着一群三只眼的怪人，一个聪明的商人琢磨，如果能捉到一个三只眼的怪人到世界各地巡回展览，保证能够赚大钱。于是，那个聪明的商人打造了一个大铁笼子，带上捕猎装备，驾船到了岛上。不料想，这个岛上长着三只眼的人从未见过长着两只眼的“怪物”，于是反捕了这个自认为聪明的商人。聪明的商人因寡不敌众，最终反而被三只眼的怪物们捕获，关入他自己带来的铁笼子里，被运往荒岛各处供人观赏。可见，那些成天盘算着猎取他人的聪明人，说不定会成为自己想猎取之人的猎物。把别人当傻子，自作聪明的人往往会自食其果。

在一家公司里有一个职员，他天资聪颖，而且能言善辩，很快便得到了领导的赏识，对方暗示他只要继续努力便可以升职加薪。他得知后开始洋洋得意，整日里仗着自己天资聪颖耍一些小聪明，只顾着阿谀奉承领导上司，工作上往日积累的优势渐渐消退下去，很快便被后起新秀赶上甚至超越。一段时间后，他不仅没有得到升职加薪，反而被公司解雇了。这个职员心里很是不解，他始终认为自己没有过错，觉得像自己这样高学历、高能力之人没有理由被解雇，于是找自己的上司问缘由，上司叹息道：“你确实天资聪颖，比同期的职员能力高，也有优势，可是你却没有努力，不思进取，只知道凭借小聪明投机取巧，别人也许没有你聪明，可是他们比你努力，他们的能力在不断提高，而你却止步不前。”

道理就是这样简单，一个人纵然万般聪明，可如果他不能好好利用自己的优势，自作聪明，最终也会聪明反被聪明误。由此可见，自作聪明是要不得的。

真聪明的人

这世上不乏自作聪明的人，总以为自己的头脑精明过人，别人都是傻子。但这样的人做事，往往自己吃亏了却不知道，还以为占了别人许多便宜。这种自作聪明的人，才是真正的傻瓜。那么，什么是真正的聪明呢？什么样的人才是真正聪明的人？

美国第六届总统哈里逊，小时候因举止木讷而显得有些傻头傻脑，大人们也都以为他是个傻小子，于是故意在路上扔下两种不同面值的钱，一种1美元，一种5美分，他们想知道这个小傻子究竟会捡大钱还是小钱。哈里逊左瞧瞧右看看，思索了片刻，最终对1美元的硬币无动于衷，只捡了5美分的硬币，大人们见自己的猜测得到了证实都很得意，并由此推定哈里逊真的很傻。这件事被传了出去，更多的大人们兴致勃勃地扔钱去试探哈里逊，而他每次都只捡5美分的硬币，不捡1美元的硬币。终于有一天，一位老太太实在不忍心看哈里逊被戏弄，就悄悄地提醒他："傻孩子，你应该捡1美元呀，1美元可比5美分值钱多了。"谁料哈里逊却笑着回答道："不，老奶奶，我如果去捡那1美元，他们就再也没兴趣扔钱给我了。"试想，那些戏弄哈里逊的人如果知道自己居然被一个"傻小子"戏弄了，又该有什么样的反应呢？那些自作聪明的大人在哈里逊的心目中不外乎是最愚蠢的，而哈里逊才是那个真正聪明的人。

春秋末期，晋国的智伯想讨伐卫国，就给卫国国君送去野马四百匹、玉璧一块。卫国国君十分高兴，朝臣们也都向他表示祝贺，只有大夫南文子面带忧色，卫国国君说："大国与我们交好是一件好事啊，你却面有忧色，这是为什么呢？"南文子说："无功而受赏，没为人出力而得到厚礼，不可不察啊。野马四百匹，玉璧一块，是小国向大国进献礼品的规格，而晋国这个大国却给我们送来这种规格的礼品，大王你要防备呀！"

卫国国君觉得有理，就把南文子的话告诉了边境上的守将。过了不久，智伯果然起兵袭击卫国，但到了卫国的边境，发现他们早有准备，只好返回，并说：“卫国一定有贤能的人，他能预先猜到我的意图。”

诚然，南文子才是那真正聪明的人，他可以看透智伯厚礼之后的企图，而智伯却自作聪明、自以为是，他自认为“举世无双”的小伎俩却恰恰是使他露出马脚的关键。只有真正聪明的人才能透过虚假的现象，看到问题的本质。

正所谓“聪明反被聪明误”，真正聪明的人绝不会自大狂妄，而那些自作聪明的人却往往自恃聪明，捉弄别人，把他人当作傻子，结果却早已成为聪明者眼中自讨没趣的小丑。所以说，做人要谦虚一点，像季羡林先生所说的那样，不要把别人当作傻子。

·4·

不知，实为“大知”

我曾问过自己一个问题，如果真有那么一个造物主，要加恩于我，让我下一辈子还转生为人，我是不是还走今生走的这一条路？经过了一些思虑，我的回答是：还要走这一条路。但是有一个附带条件：让我的脸皮厚一点，让我的心黑一点，让我考虑自己的利益多一点，让我自知之明少一点。

——季羡林

《论语》有言：“知之为知之，不知为不知，是知也。”意思是说，知道就是知道，不知道就是不知道，这就是明智的表现。季羡林先生也常说，不懂装懂实在不是明智之举，然而也有一种情况例外——难得糊涂。人活一世，哪怕是圣人也做不到万事皆知，有时候不知才是大智。

何为大知

那么，什么才是大知？词典上给出的解释是这样的：“大知指一种超越世俗经验、想象、时空、时间而真正得道的智慧或观点，这种智慧只有经过不断学习和体会而领悟到天人合一境界的人才能得到。从大知看，世界由道所生成构成，道生而不有，为而不恃，长而不宰，润万物而无声。最有大知的人，总会表现出豁达大度的姿态。”

《汉书》中有这样一段记载：汉文帝视察圈养野兽的上林苑，问上林尉苑里野兽的数量，问了很多次，上林尉都不能准确地回答。文帝十分不满，认为这个上林尉无能，打算将其撤职，但这件事情最终因张释之的一番劝说而作罢。张释之当时是这样劝说文帝的：上林尉不能尽答皇帝的询问，当然是未尽职守，但他不妄答，就凭借这点而言，他也有其可取处。恰如先哲孔子所云："知之为知之，不知为不知，是知也。"又云："君子于其所不知，盖阙如也。"知道就是知道，知道几分就是知道几分，不知道就是不知道，不妄说，而这个上林尉坦言自己"不知"也实为其"大知"之表现。如此说来，敢于说不知，亦是一种大智之举。

大智如孔子，尚且主张"知之为知之，不知为不知"，对不知道的事物采取存而不论的态度，那么中智水平的大多数人当然不可能样样都知道。承认有所知、有所不知，是一种老实的态度，也是一种最为聪明的态度。"唯其有所'不知'，才能成其'有所知'"这便是孔夫子所赞同的"知"，其中深意不言而喻，孔子将"知"建立在一个坚实的基础上，在他看来，"知"是经得起考验的。有时候那些看似朴拙不过多言语的人，才是"大知"之人。而那些巧舌如簧，妄想以弄虚作假、诳言妄语来得到别人看重与尊重的人，往往被仕途、名誉、金钱和其他种种的眼前利益所蒙蔽，最终将贻笑大方。这些自作聪明的人纵然能够取巧于一时，亦很难得逞于长久。

不知实为大知

宋人陈师道在《后山谈丛》中有言："明者无所不知；知者有所知有所不知；众人所知者少，所不知者多，而强其所不知。"其中无所不知的"明者"，大概就是指那些屈指可数的大智大慧的人吧，而有所知有所不知的"知者"，则是指对事物采取老实态度、实事求是的人吧，其中所知者少所不知者多的“众人”，却还要强其所不知而为知，便指的就是平庸的芸芸众生了。

自恃聪明，又爱卖弄，且执迷不悟，最后成为荒丘野鬼的汉末杨修之所以结局如此惨淡，正是因为他未能领悟到何为“不知实为大知”。据史书记载，杨修是曹操门下掌库的主簿，他虽然智识过人，却总是自恃其才而小觑天下之士。有一次曹操令人建一座花园，快竣工时，监造花园的官员请曹操前来验收察看。曹操参观了花园之后，对花园修建的是好是坏以及工匠们的建造手艺是褒是贬一句话也没有说，只是默默地拿起笔来，在花园大门上写了一个“活”字便扬长而去。众人一见这样情形，怎么都猜不透曹操的意思，这时杨修却笑着说道：“门内添‘活’字，是个‘阔’字，丞相是嫌园门太阔了。”监造的官员见杨修说得有道理，便立即返工重建园门，改造停当后，重新请曹操来查看。曹操一见重建后的园门，不禁大喜问道：“谁知道了我的意思？”监造的官员答道：“是杨修杨主簿的意思。”曹操听后转眼看向杨修，而此时杨修正在得意于自己对曹操心思的掌握，一面接受着众人的吹捧，一面在心里嘲笑其他人的蠢笨。

而此时的曹操虽然在表面上称赞杨修聪明，可内心却开始忌讳他了。曹操手下谋士众多，肯定有人能猜到曹操的心思，只是别人看透也不会说透，只有杨修总是自大狂妄地揭穿曹操的心事，最终因触碰他的底线而失了性命。如此看来，在当权者的复杂心事面前，有时候就算知道也要装作不知道，这才是“大知”。而现实生活中也不乏这样的事例，有些时候，有些事情虽然知道却不能直白地说出来，这时就需要谨记“不知实为大知”这一点了。

聪明有智慧固然值得欣喜，可是聪明也要用对地方，并不是所有的聪明都要表现出来的有时虽然知，却要当作不知，知道何时该“知”而何时该“不知”方是“大知”。恰如季羡林先生所说：“每个人都想表现得很聪明，但如果一个人老耍小聪明就成了一种愚蠢。”耍小聪明的人头上都悬着一把“达摩克利斯剑”，这把剑随时会落到聪明者的头上，斩下他的头颅，那是一种极其危险的游戏，说的便是这个道理。

·5·
君子爱财，取之有道

“君子爱财，取之有道”是老祖先留下来的宝贵遗产和忠告，它告诫后人取财必须要靠自己的辛勤劳动和汗水，用现在比较时髦的话来说，就是要遵纪守法，符合道德伦理常纲。

——季羡林

在“三百六十行，行行出状元”的当今社会，每个人都有着展示自己才能的舞台，也都有各自取财的途径和方法。而除非圣人，任何人都不可能达到视金钱如粪土的至高境界，因为金钱可以带给人们生活上的幸福感以及享受的资本，也难怪常常有人说，钱就是好东西，有了钱就有了一切。

人活在世，要生存，不能做到不食人间烟火，既然“没有钱是万万不能的”，那君子自然都可以爱财。翻开史册，便可清楚看到，从春秋战国时期的范蠡到明朝富甲沈万三，从陈嘉庚到李嘉诚、霍英东等等，这些堪称国之首富的君子，凭借自己的聪明才智发家致富，而且他们发财不忘国家，致富不忘乡邻，报效祖国，回报社会，均得到了高度的赞誉。这种君子爱财取之有道，而又用之有道的行为值得世人学习。

有句流传甚广的话：金钱不是万能的，但没钱又是万万不能的。这话说得很精辟，也很精彩。这其中既有对金钱冷静的审视，又在理智分析的基础上对其巨大的作用做了客观承认。人活在世，不能不食人间烟火，故而即使君子也会爱财。

取财有道

季羡林先生说："财是养命之源，为了生活及生存，谁也离不开它，不过君子爱财，取之有道，应该是每个求财人的正确理念。"选择了正道，努力拼搏，遵纪守法，却事倍功半，不但未发财反而破财，甚至因财耗身，这样的事情也屡见不鲜。于是，有很多人对"君子爱财，取之有道"产生了质疑，从而不走正途走邪道，结果将可想而知。

每个人都想拥有金钱，因为金钱可以带给我们美好的生活，而得到金钱的方式会直接关系到你所要付出的代价。2006年4月，一名叫许霆的男子到一家商业银行的ATM机上取款，发现系统出现错误，他本想取100元，结果出钞1000元，而银行卡账户却只被扣1元，于是许霆用银行卡连刷175次，共计取走17.5万元。他虽得到了这17.5万元，可等待他的却是5年的牢狱之灾。

大多数人在面对这种天上掉馅饼的好事时，都会为之心动，可静下心来想一想，难道银行会觉察不到吗？难道相关部门无法查到你的银行卡吗？天上是不可能掉馅饼的，所以面对钱财的诱惑时一定要理智处之，君子爱财，取之有道，不义之财不可取，不明之财不可拿。

钱财终乃身外之物

季羡林先生认为："君子爱财，取之有道"的"道"可以理解为"一条正确的适合自己走的路，一条指导自己人生宏观运行轨迹的路"。正所谓钱财乃身外之物，要懂得正确取舍，只有这样，才能走上宏伟的人生大道。

曾有人遇见这样的事：几个人一起故意将金项链丢在路上，等到过路的人捡起时，就会有一个人跑过去说他也看见了地上的金项链，接着另一个人会"恰好路过"，见两人因金项链起争执而过来"好心调解"。他先会装模作样地查看一下，确定这个金项链是真货，再估计一番项链的价值，又劝慰两人萍水相逢不要伤了和气，让先捡到金项链的人给另一个人几千块，即所谓"见者有份"。而那个捡到项链的人一开始觉得自己占了便宜，可是等他回到家之后才发现金项链原来是假的，显然自己是中了骗子的圈套。

在现实生活中，虽然大多数人都能够做到"君子爱财，取之有道"，靠自己的勤劳和智慧去创造财富，赚取金钱，幸福生活。可是依旧有人不能建立正确的金钱观，将钱财看得过分重要，反而导致"失足"。就像前面案例中捡到项链的那个人，如果他不贪恋小便宜，在第一个骗子出来后不与他争这"不义之财"，而是将项链还给骗子，或是交给警察，又怎么会被骗呢？钱财始终是身外之物，所以面对钱财一定要稳得住心神，天上是不会掉馅饼的。

不可否认，任何时候总有一些人会被金钱蒙住双眼，熏黑良心，他们拼命地捞钱，疯狂地敛财，最终却丧失了人格。所谓"君子爱财，取之有道"，即是说"爱财"要坚持合法之道、仁义之道，无论是富贵还是贫贱，都绝不能违背这个"道"。

·6·

洞明世事，反求诸躬

任何一个人，包括我自己在内，以及任何一个生物，从本能上来看，总是趋吉避凶的。因此，我没怪罪任何人，包括打过我的人。我没有对任何人打击报复，并不是由于我度量特别大，能容天下难容之事，而是由于我洞明世事，又反求诸躬。假如我处在别人的地位上，我的行动不见得会比别人好。

——季羡林

俗语有云："洞明世事，反求诸躬。""躬"在这里指"自身"，"反求诸躬"即"反求之于自身"。这句话大致就是说：看明白了人情世态，再反观自身，反过来剖析自己、要求自己。季羡林先生"责己也严，责人也宽"的胸怀便是这句话最好的体现。

洞明世事

纵观古今，所谓"世态炎凉"是世间最平常的事，元曲《冻苏秦》中有言："也素把世态炎凉心中暗忖。"《隋唐演义》中也说："世态炎凉，古今如此。"显而易见，不管是"暗忖"，还是"明忖"，世态炎凉这一"古今如此"的事实是改变不了的。但是，世人对世态炎凉的认识感受的程度，会随着年龄大小和处境不同而发生改变。智慧大师季羡林先生曾总结出这样一条定理：“年龄大小与处境坎坷同对世态炎凉的感受成正比。年龄越大，处境越坎坷，则对世态炎凉感受越深刻。反之，年龄越小，处境越顺利，则感受越肤浅。”

季羡林先生的生命历程可谓一波三折，好运与多舛结合，坦途与坎坷混杂，他几度倒下，又几度爬起来。在“文革”中，他因为反对北大一位炙手可热的“老佛爷”，被戴上了莫须有的帽子，打成了反革命，遭受了极其残酷的折磨。在长达几年的时间里，他成了燕园的“不可接触者”。走在路上，在他辉煌时对他低头弯腰、毕恭毕敬的人，没有哪一个敢或肯跟他说一句话。季羡林先生回忆，当他“官”复原职，而且还加官晋爵后，又开始了一段辉煌，从门可罗雀又变到宾客盈门。季羡林先生后来是这样说的：“世态炎凉，古今如此。任何一个人，包括我自己在内，以及任何一个生物，从本能上来看，总是趋吉避凶的。因此，我没怪罪任何人，包括打过我的人。我没有对任何人打击报复。并不是由于我度量特别大，能容天下难容之事，而是由于我洞明世事，反求诸躬。假如我处在别人的地位上，我的行动不见得会比别人好。”

所谓“世事洞明皆学问，人情练达即文章”自然绝非虚言，如此看来，做人不可糊涂度日，得过且过，既然世人永远无法做到不食人间烟火，那么自然当看清世事，洞明缘由。虽说做人难得糊涂，但也不能真的糊涂，该看清的、该看透的自当看清看透。

反求诸躬

季羡林先生在他的《人生哲学》一书中曾讲过这样一个故事：“猴婆婆有三个儿媳妇，这天，大儿媳来看她，送来两个桃子，猴婆婆很高兴。这时，二儿媳提着一筐桃子来看她，猴婆婆非常兴奋，立刻将大儿媳晾在一边对二儿媳百般热情，嘘寒问暖，还掀起二儿媳的皮毛为它捉虱子。大儿媳十分不快，心想婆婆真是太世俗了。于是大儿媳去找三弟媳诉苦，三儿媳听了就让大嫂先回去，说明天有时间再详细听它说。

第二天，三儿媳来到大嫂家，送来了两个橘子。大嫂很高兴，把那天猴婆婆“看着礼物待人”的事详细说了一遍，越说越委屈。第三天，三弟媳妇又来到大嫂家，这回送来一筐橘子。大儿媳非常兴奋，眉开眼笑，直唤“好妹妹”，还掀起三弟媳的皮毛，为它捉虱子。临走前，三儿媳拍了拍大儿媳的肩膀，笑着说：“大嫂，为什么你昨天不为我捉虱子？看来送两个橘子和一筐橘子的待遇是不一样的。”大儿媳顿时无语。

如此看来，如果是能力相差不大的人，领导会选择重用与自己关系近的那位；兄弟几个，父母也总会有最爱的一个。这就同猴婆婆看着礼物待儿媳们是一样的，这也是世俗、世事。别人这样，自己处在那个位置上也是这样的。最重要的是要洞明世事，不去钻牛角尖，更不能把别人当成圣贤去要求，因为我们自己也很难做到如圣贤一般。

趋吉避凶是每个人的本能。因此，无论发生了什么事，都不应该怪罪任何人，不要对他人打击报复。并不是要求你“以德报怨”，“大肚能容容天下难容之事”，而是换位思考一下，站在对方的角度上，或者换做我们处在别人当初的处境，是否可以做得更好？正如季羡林先生所说：“假如我在别人的地位上，我的行动不见得会比别人好。”能有如此高的境界与修养，一定是在洞明世事的基础上，不断修炼自己的结果。不因别人怎样待我而降低自己待人处世的水准，能够时时处处反求诸躬，这才是真正的洞明世事，才是真正的人生智慧。

·7·

常怀一颗感恩之心

我一向认为，感恩图报是做人的根本准则之一。

——季羡林

何为“感恩之心”？顾名思义，就是将别人给予我们的恩惠铭记于心，若有能力也当相还相报，就如季羡林先生所言：“人的一生是曲折的一生，道阻且长，谁能保证不遇挫折与磨难？有人指点迷津，有人热忱相助，当别人伸出援助之手拉自己走出泥潭后，怎能不投以回报？”所以说，做人当常怀一颗感恩之心，这世上没有谁必须对谁好，也没有谁必须得帮助谁，既然得到了帮助就要懂得感恩。

感恩生活

生活中难免艰难险阻，前进的路途上也多有荆棘险峰，面对生活的考验，不要总是抱怨，也不要消极止步，不如看开一些，看淡一些。成大事者必将面临众多磨练，既然活着，就要积极地面对，感恩生活所带来的每一次机遇与考验。

有一次罗斯福家里失盗，被偷去了许多东西，一位朋友闻讯后，忙写信安慰他。罗斯福却在回信中写道：“亲爱的朋友，谢谢你来信安慰我，我现在很好，感谢上帝：因为第一，贼偷去的是我的东西，而没有伤害我的生命；第二，贼只偷去我部分东西，而不是全部；第三，最值得庆幸的是，做贼的是他，而不是我。”

失盗是一件不幸的事，而罗斯福却找出了感恩的三条理由。他不仅乐观，而且有一颗懂得感恩的心，感恩生活没有将更糟糕的事情降诸于他的身上。做人就应该这样，灾难已经降临，又何必再一味地痛苦抱怨？不如看开一些，能在险境之中得生那已经是不幸之中的万幸，要懂得感恩，感恩命运没有将更加艰难、困险的境界降临，感恩生活所给的任何一丝眷顾。

感恩他人

古往今来，很多仁人志士都提倡要知恩、感恩，如此看来，感恩之心当为人之所有。做人要学会感恩，常怀感恩之心，感恩别人愿意在自己困境之时伸出援助之手，所谓锦上添花未必难得，难得的当是雪中送炭。

帮汉高祖平天下的大将韩信在未得志时，境况很困苦。那时，他时常去城下钓鱼，希望能钓上几条鱼解决吃饭问题。但是，这终究不是可靠的办法，因此他时常饿肚子。幸好河边有很多清洗丝棉絮和旧衣布的妇女，其中有一个老婆婆很同情韩信的遭遇，便不断地救济他，给他饭吃。韩信很是感激，便对她说，将来必定要重重报答她。汉朝建立后，韩信被封为楚王，他想起从前曾受过老婆婆的恩惠，便命从人送酒菜给和黄金一千两来答谢她，这也正是“一饭千金”成语的来历。

每一个人，都要怀有一颗感恩的心，怀有一颗感恩的心，才更懂得尊重。懂得感恩的人才是大写的人，应感恩那个肯在你落魄之时出手相助的人，如果以后条件成熟也应学会回报他人。

感恩生命

一个人要学会感恩，对生命怀有一颗感恩的心，才能真正快乐。感恩生命，感恩每一次的机遇、每一次的考验甚至是痛苦与灾难。这世间没有什么比生命重要、可贵，能够活着便是上天的最大恩赐，所以说，无论遭遇了什么，都要怀着一颗感恩之心去面对。如果一个人没有了感恩，那么他的心就全部是空的，“羊有跪乳之恩”，“鸦有反哺之恩”，“赠人玫瑰，手有余香”，“执子之手，与子偕老”，这些都因怀有一颗感恩的心。

“霍金先生，卢伽雷病已经将你永久固定在轮椅上，你不认为命运让你失去很多的出路吗？”在一次学术报告后，一名记者对霍金提出这样的问题。大师的脸上充满微笑，用他还能活动的3根手指，艰难地叩击键盘后，显示屏上出现了四段文字——“我的手指还能活动；我的大脑还能思维；我有终生追求的理想；我有爱我和我爱着的亲人与朋友。”3根手指和一个能思维的大脑是霍金身上唯一能动的部件。他在回答完那位记者的提问后，又艰难地打出了第五句话：“对了，我还有一颗感恩的心。”

提起霍金，大多数人难免叹息，道一句命运不公，让一个如此智慧有才之人遭遇这般痛苦的疾病折磨。可是霍金却不这样认为，在他看来，他还活着，他还有思想，他还有3根能动的手指，他还有一双能够看清书本、能够观察细微、能够动的双眼，他感恩命运对他的眷顾，他并没有失去所有。生命对于每个人都是公平的，我们要怀有一颗感恩之心，在危难与痛苦之中学会坦然，用感恩之心体会人生。

古有小黄香在寒冷的冬天，先用自己的体温暖好席子，才让父亲睡到温暖的床上；今有伟人毛主席，邀请他的老师参加开国大典；朱总司令蹲下身，亲自为妈妈洗脚；居里夫人，亲自寄去机票，让她的小学老师欧班老师来参加镭研究所的落成典礼，并亲自把老师送上主席台。这些事例都体现出一个相同的道理：伟人之所以伟大，名人之所以成为名人，是因为他们都拥有美好的心理品质——感恩。

·8·
学会适应，但不迁就

经常地不肯妥协，不满于现状，舍了这个，下一个可能更差，过多的欲求往往使你失去眼前的幸福，有时应学会迁就。

——季羡林

比尔·盖茨说：“生活是不公平的，你要去适应它。”但是莫里哀却说：“随机应变是才智的试金石。”而哲学大师季羡林告诉世人这样一个道理：要学会适应，但适应并非是一味地迁就。

生存压力下的适应

适应是什么？适应是人生征途中的挑战，每一次适应，都可能是一种脱胎换骨的磨砺，是自我的成就与升华。有时候适应又是一种选择、一种拼搏、一种洗礼，适应的过程虽然往往是痛苦而且艰难的，可结果却是令人欣喜的。正所谓与其被动适应不如主动适应，与其晚适应不如早适应，也唯有懂得适应的人，才能在风雨里走得更远，反之则只能碌碌无为，难有建树。

植物学家们在对阿尔卑斯山脉地区的植被做了一番考察之后，发现了一个奇怪的现象：在近一百年以来，高山上的植物品种大都呈现出逐渐增加的趋势，许多原来只开放在山底牧场上的花现在已经开到了海拔近2000米的高山雪带上，而原来雪带上的植物则超过原来的海拔向更高处攀登。植物学家们研究了许多有关自然科学的文献后最终发现，阿尔卑斯山地区的气温逐渐升高是造成这种情况的主要原因，在全球变暖的趋势下，那些原本在低气温环境里生长的植物为了寻找适宜的温度，不得不向更高的山上“攀登”。植物学家们还发现，这些植物的生命力也比以前变得更强盛了。这是因为很多植物对自然界都有着非常灵敏的反应，能够不断调整自身的状态使自己更加适应生存环境。比如说干旱可以让植物的根扎进更深的泥土里，风力大的地区的植物长势也会更加牢固。

植物在面临生存环境改变时尚且有如此强的适应能力，能够通过改变自身条件以求得更好的存活，更何况人呢？一个有成就的人往往要比一个普通人经受的痛苦更多，面对生活中的挫折挑战，只有努力去适应、去克服才能有所成就。

适应变化才会有所成就

世界千变万化，愚蠢者选择墨守成规，聪明者选择随机应变，只有很快适应变化的人才能取得成就。

南沙守礁某部的副政委陈安民退役后，几经周折却始终没有找到好工作，最后只好去一个家属院当门卫，工作虽不够体面，可他照样起早贪黑、尽职尽责。他虽然只是一个普通的门卫，但依旧不放弃学习各方面的知识，用他的话来说就是不学习就跟不上时代，跟不上时代就要被淘汰。后来一次偶然的机会，他得知广州远洋运输公司招聘员工，便毛遂自荐并且凭着自身过硬的素质得到了这份工作，不久后就被广州远洋运输公司任命为远洋船的政委。

陈安民以前在部队时是一名团职干部，回到地方却做了一个家属院的门卫，二者相比完全可用“天壤之别”来形容，可他并不怨天尤人，而是通过不断的努力去成就自己，他的成功也正是因为他能够适应新情况，正确对待新变化。正所谓“人生好比是海上的波浪，有时起，有时落”。只有适应了人生的千变万化，才能更好地生存下去，最终有所成就。

不朽的“不适者”

纵观历史，“适者生存”似乎是一条恒久不变的真理，但不可否认的是，社会的进步却是由无数“不适者”推动的。这些“不适者”不屈服于既成的现实，他们在努力改变自己以适应现实的同时不向“恶势力”低头，不迁就于不利于己的局势，以一己之力推动社会的改变，最终在历史上留下浓墨重彩的一笔。

公元前4世纪，秦国处于奴隶社会的没落期，奴隶频繁反抗，政治矛盾激烈，但秦国贵族保守腐化，不思进取，依旧过着寻欢作乐的生活。而商鞅却特立独行，并不迁就那些旧奴隶主们，他艰难地推行着变法，使秦国逐渐强大起来，他就是当时的“不适者”；当世人都沉醉于男尊女卑的社会伦理之中时，贾宝玉却第一次道出了“男人是泥做的骨肉，女子是水做的骨肉”，他就是当时的“不适者”；当20世纪50年代，全国上下齐唱着“人多力量大”而导致人口激增的时候，学者马寅初提出了“我国必须控制人口增长”的理论，他就是其中的“不适者”。

在当时的环境里，这些“不适者”都是常人眼里的“异类”，他们的主张备受世人的争议，他们之中有的人被施以极刑，有的人被关进监狱，有的人被送进了疯人院……可也正是这些“不适者”促进了时代和社会前进，他们的“荒谬”言论最终得到了证实，史书上记载着他们的功绩。适应并不是迁就，适应的应该是社会的进步与发展，而面对社会中的腐朽、不堪以及错误的思想就要勇敢地提出改变。

自然界的生存法则告诉我们，要学会适应环境，才能生存立足，可是作为人，不仅应该学会适应环境，更要改变不利的环境。人之所以成为人，也正由于人在适应环境能力的基础上具有改造环境的能力，所以说做人要学会适应，但适应并非是一味地迁就。

·9·

忍者，相互容忍也

对待一切善良的人，不管是家属，还是朋友，都应该有一个两字箴言：一曰真，二曰忍。真者，以真情实意相待，不允许弄虚作假；对待坏人，则另当别论。忍者，相互容忍也。

——季羡林

“忍”这个字经常出现在我们的家庭和社会生活中，但是很少有人能真正理解和践行这个“忍”字。所谓“忍”心字头上一把刀，直白地来讲，便是刀子悬在心口也要保持平和心态，心平气和地面对一切，忍常人所不能忍，才有可能成他人所不能成之事。而关于“忍”，季羡林先生也曾劝诫后人，“人处在家庭和社会中，有时候恐怕需要讲点容忍的”。

各退一步，海阔天空

季羡林先生认为，所谓容忍，不是单方面的，应该是双方面的。面对纠纷和不满，如果争执双方各退一步，就能看到一片新天地，一笑泯恩仇，营造和谐的家庭和社会环境。

关于忍，季羡林先生曾说过这样一个小故事：在唐朝时，有一个姓张的大官因家庭和睦而美名远扬，甚至传到了皇帝耳中，皇帝很欣赏他治家有方，问他道在何处，于是他在皇帝面前一口气写了一百个“忍”字。这个故事在历史上很有名，在旧社会，春节时贴对联，只要谁家门楣上写有“百忍家声”，就可以断定这一家一定姓张，而姓张的人家也皆以祖先的“忍”为荣。退一步海阔天空，万事能忍则忍，以和为贵，这样才是为人处事之道。

关于相互忍让，各退一步，季羡林先生还谈起过人们坐公共汽车的现象。季羡林先生说，公交车上，挤挤碰碰的现象很常见，有的人不小心碰了或踩了别人，连忙说一声“对不起”，对方回应一句“没关系”，简简单单两句话就能马上化干戈为玉帛。然而，也有不少人连“对不起”都不愿意说，而对方又不依不饶，于是就吵骂起来。其实，只要双方都把礼让的种子根植于心，所有人都可以成为和谐社会的受惠者。

家庭和谐，贵在宽容

季老认为，小小的一个“忍”字乃是家庭和谐的关键。所谓“忍”，并不是让你一味地忍气吞声，而是教导你要多从你爱的人的角度思考问题，宽容和谅解他们小小的错误。

曾经有一位女士在她与丈夫五十周年金婚纪念日上，跟来宾分享她婚姻保鲜的秘诀，她说："从结婚那天起，我就准备列出丈夫的十条缺点，我向自己保证，他犯了这十条错误中的任何一条，我都原谅他。"听她这样说，便有人好奇地问："这十条缺点是什么？"她回道："其实这五十年以来，我始终没能把这十条缺点具体地列出来。因为每次当他做错了事，我就马上告诉自己：算他走运，他犯的是我可以原谅的十条错误当中的一条。"这位女士的做法可谓是十分聪明，而且充满容忍。婚姻之中，难免磕磕碰碰，如果终日因一些小的矛盾而斤斤计较，那么再深厚的感情也会有走到尽头的那一日。

俗话说："家和万事兴。"由此可见家庭和睦的重要性，嘴唇和牙齿朝夕相对也难免会出现磕碰，更何况是人与人之间的相处。如果家人之间多些宽容，学会忍让，那么又何忧家庭不和?

容忍是一种风度

人是群居动物，身处社会的大环境中，容忍是每个人踏入社会应该学习的第一堂"风度课"。然而有时候，容忍确实不是一件容易的事情，是最能考验一个人修养和气度的。

1935年，季羡林乘坐火车经苏联的西伯利亚去往德国，当火车行至中苏边界的满洲里时，停车4个小时，由苏联海关对火车行李例行检查。这原本是例行公事，无可厚非，但也许因为当时季老一行人是从一个资本主义国家去往另一个资本主义国家，苏联方面的检查格外严格慎重。检查过程中，季羡林在哈尔滨买的一把粗糙的铁皮壶成了重点检查对象。工作人员这里敲敲，那里敲敲，其实那薄薄的一层铁皮根本不可能藏得下一颗炸弹。当时年轻气盛的季羡林觉得受到了冒犯，想要发火。这时，身旁一位年老的外国男士见状，在他耳旁悄悄说了一句：“Patience is the great virtue.（容忍是很大的美德）”季羡林当即微笑，向他表示谢意。而他自己先前有些急躁的心境也平和下来，顿时天下太平。

容忍不仅是一件好事，也是一种美德，正如季羡林先生所言，要想举大事必要能忍常人之所不能忍，容常人之所不能容。忍者，相互容忍也，故而为人处世切记要多些忍让宽容，少些针锋相对，不要斤斤计较。

·10·
“世故”并不是贬义词

在许多人心目中，我是一个怪人，对人呆板冷漠，但是，真正了解我的人却给我送了一个绰号：“铁皮暖瓶”，外面冰冷而内心极热。我自己觉得，这个比喻道出了一部分真理，但是，我现在已届望九之年，我走过阳关大道，也走过独木小桥，天使和撒旦都对我垂青过。一生磨炼，已把我磨成了一个“世故老人”，于必要时，我能够运用一个世故老人的禅定之力，把自己的感情控制住。

——季羡林

世故是什么意思？翻开词典，“世故”之下有如下三条释义——其一，是指处事经验或人情世故；其二，是形容做事圆滑；其三，是指应酬或者敷衍。而题中“世故”又指的是什么呢？季羡林先生说，做人可以深沉，却不可不世故。这句话前一个深沉是名词，指做人要懂得世间的道理，理清人与人之间的关系；第二个世故是形容词，引申为了解世态，熟悉人情的意思。故而，此处的“世故”在季羡林先生看来，指的应该是处事经验以及人情世故。

何为世故

世故，于季羡林先生而言，其所强调的并非让人学会要弄心思，圆滑处事，而是在于懂得人情世故，明白为人处事的原则。

说到世故与圆滑，不能不让人想起薛宝钗和与之“针锋相对”的林黛玉。有人说薛宝钗圆滑世故、十分可厌，是一朵泛着俗气的牡丹；而林黛玉则是高洁爽性、清清洁洁的出水芙蓉。林黛玉对贾宝玉的那句“我的是我自己的心”，定然给读者留下了深刻的印象，然而试问，每一个活着的人，谁不是在为了自己的心而活着？人不一定为了自己而活着，但一定是为了自己的心而活着。受封建礼教毒害极深的薛宝钗总给人一种牺牲于家庭和封建礼教而完全没有自我的感觉，但她依然会为了自己的心而活着。

有人说世故是完全可以理解的，因为那是明哲保身的生存手段。生活有点像捆绑销售，你追求你想要的，同时也要承担和面对你不想要的。当然，从另一个角度来看，明哲保身求生存也是一个理由，面对一汪不想趟的浑水，为何要光着脚而不穿上雨鞋呢？

如何世故

如季羡林先生所言，所谓世故是要懂得世间的道理，能理清人与人之间的关系，那么又该如何做到世故呢？所谓世故，并非玩弄心机，做一些阴歹权谋，而在于知道什么事该说，什么事不该说，什么事该做，什么事又不该做。

在红楼梦中有一幕可谓让人记忆犹新，薛宝钗过生日，贾母为她操办宴席，问她喜欢吃什么菜、听什么戏，薛宝钗专挑老人喜欢的软烂食物和热闹的杂耍武戏，惹得贾母十分开心。薛宝钗这样做，不得不让人赞叹一句，好一个机敏聪明的女子，她非常懂得人情世故，因此让贾府上下都喜欢她。有人问季羡林先生会不会有如宝钗一般的人，他说，不仅有如此的人，更应当做如此的人。故而可以说"世故"并非贬义词，它也是一个人拥有聪明与智慧的表现，世故而不阴歹，说话留三分，处事留三分，既给了别人机会，也可以为自己创造机会。

虚情假意的人往往为了实现某种目的而处心积虑地利用他人，阿谀奉承的人往往为了维护自身的利益而低声下气地去迎合他人。人们在提起这些人的时候往往会骂他们圆滑世故，可是准确地来说世故不该被这样误解，所谓的世故是指在当今社会尚不够发达的生产力条件下，尚不够富裕的生活环境下，人们为了更好地生存而被迫选择的委曲求全的行为。面对生活中很多难以控制的事情，可以选择世故，但世故并不是虚情假意，也不是阿谀奉承，选择世故是指在更好地保全小我的同时不放弃努力奋斗，以聪明的方式适应社会，让自己更好地生存下去。

"世故"并不是贬义词

世故与圆滑不等于自私狭隘，很多时候，选择圆滑并不是选择了事不关己、高高挂起的处世态度，因为一味地沉默追求自保有时等同于坐以待毙。

从《红楼梦》中的薛宝钗身上不难看出何为真正的"世故"，她会在言语上迎合他人，准确地把握别人内心的情感走向，所以她能让长辈们提起她时赞不绝口，同辈们都拿她当好姐姐、好朋友，哪怕小心眼的林妹妹，在提起薛宝钗时都是满口赞叹。她会在行动上帮助他人，给他人行方便，即便是她圆滑无比的“不干己事不开口，一问摇头三不知”的不作为态度，也不会给别人带来坏处。

薛宝钗不会去算计坑害别人，哪怕是为了一己私欲，她也不会给别人下套。世故却不失尊严，退让却不软弱地向别人卑躬屈膝，薛宝钗的世故不是贬义的世故，她的世故始终维持着自己应有的精神底线，并且始终保持着自己的尊严。

所以说“世故”并不是一个贬义词，它是一个人高情商的表现，我们每个人都有自己为之奋斗一生的方向，每个人也都在为了自己的心而选择努力，面对纷繁复杂的人生，完全可以选择做一个世故的人，但一定要记得的一点就是，要给自己留一颗真心，用正确的方式“世故”。“林黛玉们”应该学会生存，“薛宝钗们”应该多留真心。

· 11 ·

朋友贵在交心

人类是社会动物。一个人在社会中不可能没有朋友。任何人的一生都是一场搏斗。在这一场搏斗中，如果没有朋友，则形单影只，鲜有不失败者。如果有了朋友，则众志成城，鲜有不胜利者。

——季羡林

有人说：亲情是一种天生的情感，爱情是依靠缘分培养而来的情感，而友情却只能通过真心的付出去努力争取。其实友情也可以说是一种缘分，它由一个“缘”字开始，凭一个“信”字延续，靠一个“心”字长久，有缘分、有信任、有真心才是真正的友情，这样的感情会给人们留下美好的享受和难以忘怀的回忆。真正的朋友就是那个可以在你悲伤的时候给你安慰，成功的时候给你掌声，快乐的时候与你共享，困难的时候给你帮助的人。真正的朋友讲求的是一颗真心，恰如季羡林先生所言：“交朋友要交心。”

交朋友

在许多时候以及许多情况下，人们需要的往往不是物质上的帮助，而是精神上的鼓励与慰藉，友情是无价而稀有的珍宝，是任何财富都无法买到的力量。

当年范仲淹因执意主张改革而惹怒了朝廷，在他被贬去颖州的时候，一些原本与他交好的官员因害怕被说成是他的朋党而受到牵连，影响自己的仕途，纷纷避而远之，只有王质闻讯后抱病前去，将范仲淹一直送到城门外，并且大大方方地安慰他。对当时的范仲淹而言，谁是真朋友，谁是假朋友，可谓是显而易见，患难见真情说的大抵就是这样的意思吧。

鲁迅先生曾说：“人生得一知己足矣，斯世当以同怀视之。”他所谓的知己就指的是心灵上契合的朋友，要得到这样的朋友很难，可是这样的朋友一旦得到了那就是永远的朋友，永生都不会背叛。

什么是知己

古诗有云：“海内存知己，天涯若比邻。”所谓知己指的就是最好的朋友，是用真心换来的，也是一个人在烦闷时最好的倾诉对象。所谓知己追求的不是物质上的共同拥有，而是精神情感上的交流与追求，君子之交淡如水，知己不需要用地位来维系彼此的关系，更不需要用金钱来缩短彼此的距离。

相传，管仲在年少时和鲍叔牙是好朋友，两个人终日一起读书学习，两人曾经一起做生意，赚了钱之后，鲍叔牙知道管仲家里贫困，总是让管仲多拿一些；管仲在帮助鲍叔牙做事情的时候，偶尔会出现疏漏，导致事情失败，鲍叔牙却从来都不会抱怨管仲；管仲做官时，曾三次被逐，别人都嘲笑管仲人品不好，干得不出色，可鲍叔牙总是告诉大家管仲只是没有遇到好的时机。管仲不由感叹道：“生我者父母，知我者鲍叔牙也！”公子小白即位后，鲍叔牙推荐管仲做了齐国的国卿，帮助齐桓公推行改革，使齐国成了春秋的一霸。后来，人们常以“管鲍之交”来形容朋友之间友谊的笃厚。

这就是知己，所谓知己，不会因一点点的蝇头小利而斤斤计较，也不会在意一时得失。作为知己的鲍叔牙不会因自己的官运前途而去压制管仲，相反，他能够让齐桓公任用自己即位之前最大政敌公子纠的谋士，可见其与管仲之间的深厚友谊。管鲍二人的友谊没有因金钱、仕途、名利、地位而变质，虽然两人曾经各事其主，可是依旧不改他们之间的深厚情感，这才是真正的知己。

朋友要交心

真正的朋友，不需要通过礼尚往来的交际应酬去维护友情，也不用担心两人之间有不同的志向追求，更不必去计较感情投资的多少。交朋友交的不是名利地位，也不是仕途利益，对于真正的朋友而言，连接彼此的是真心，也唯有一颗真心才是鉴定友谊的关键。恰如季羡林先生所说："至贫莫过无友，人生不要刻意远离知心朋友，不要刻意远离至深的友情。以心相交，坦诚相处，定会使自己的朋友越来越多，也能使友谊永恒，且天长地久。"

战国时期，有一个叫俞伯牙的人，他非常擅长弹琴，可是一直遇不到一个真心懂他的朋友，他虽然弹出了很多名动天下的名曲，却依然心怀遗憾。有一次他在深山里弹琴时，遇见了一个樵夫，这个樵夫见他正在弹琴，便放下柴禾坐在旁边听了起来。一开始俞伯牙并未在意这个并不认识的听众，可是当他弹奏到一处时，这个樵夫感叹了一句："峨峨兮若泰山。"俞伯牙闻言内心十分诧异，因为这个樵夫居然说出了他心中所想，他重新审视了一眼这个樵夫，随即指下一转，樵夫听后又感叹道："洋洋兮若江河。"之后不管俞伯牙弹什么，这个樵夫都能准确地说出他的琴声中所表现的内容。俞伯牙兴奋之余连忙起身一揖到底并且自报家门，这个樵夫也郑重回礼，两人遂结为知己。这个樵夫就是后世流传的“高山流水”佳话中的另一个主人公钟子期。不久之后钟子期就去世了，俞伯牙因为痛失知音，就在钟子期墓前把自己的琴摔了，并且发誓永远不再弹琴。

对于俞伯牙而言，没有了钟子期，他的琴声便无人再懂，既然没人听得出他的琴音，那他再继续弹琴又有何意义？俞伯牙和钟子期两人身份不同、地位不同，却能因琴结为知己，由此可见，他们之间的情谊无关其他而只在于心。

人生一世，短短数十载而已，人与人之间的缘分得来不易，所以当我们拥有友谊时一定要好好地珍惜，用一颗真诚之心去对待彼此，珍惜这难得的缘分，让友谊地久天长。

NO.3

假话全不讲，真话不全讲

——季羡林谈说话哲学

所谓“话有三说，巧说为妙”。由此可见，说话也是一门学问，要想在恰当的时机对恰当的人说出恰当的话，需要的不只是言语的表达，还需要聪明与智慧。把话说好也是一种境界，在生活中，一个人是否会说话，将直接影响到他的成就与境遇。无论事情大小，会说话会助你成功，会说话会加速你成功，在关键时刻甚至起到决定性的作用。

季羡林先生在总结自己的人生时说：“我假话全不说，真话不全说。”这是他的说话哲学，季羡林先生解释道：“逢人只说三分话，未可全抛一片心，话少误事，言多有失，有的话不宜说得太明朗，有的话不可说得太尖刻，所说点到为止，话到嘴边含半截，响鼓不用重槌敲，皆为说话分寸之大理。”在本章节，笔者将带领大家从讲真话、重承诺，以及适时沉默、含而不露的说话方式等方面去体味说话的哲学。

·1·
讲真话最可贵

要说真话，不讲假话。假话全不讲，真话不全讲。就是不一定把所有的话都说出来，但说出来的话一定是真话。

——季羡林

季羡林先生说：“要说真话，不讲假话；真话不全说，假话全不说；就是不一定把所有的话都说出来，但说出来的话一定是真话。”所谓的“假话全不说”，反映的是一个人道德品质的问题，表现了一个人优秀的人格魅力。“真话不全说”则是一个人做人的技巧问题，表现了一个人的智慧和能力。假话什么时候也不说，真话该说的时候说，不该说的时候不说，若能做到这样，人就不简单了。

说真话要讲技巧

众所周知，做人要讲真话、办实事，然而说话也要讲求技巧，“真话不全说”是处世之道。如《三字经》开篇所言：“人之初，性本善”，此“善”也会因天资际遇的不同而流转、变化，但假话却是万万说不得的，因为当一个人撒了一个谎以后，便不得不去用第二个谎去圆，如此下去，环环相扣，一个又一个的谎言就会被不断编织出来，真相也会越来越远。

所以，假话一定不能说，而说真话往往得罪人，因此说话要有技巧，应通过一些方式委婉地去阐述、表达。

孔子带弟子东游，走累了，看到一家酒家，便吩咐子路去向老板要吃的。子路跟老板说：“我是孔子的学生，我们和老师走累了，给点吃的吧。”老板说：“你说是孔子的弟子，我写个字，如果你认识的话，随便吃。”于是，他写了个“真”字，子路十分骄傲地说：“这个字太简单了，‘真’字谁不认识啊！”老板大笑：“你这样说话做事，认识‘真’有什么用，你不是孔子的学生！”于是，吩咐伙计将其赶出酒家。

另一弟子看到师兄空手而回，问明情况后去酒家对老板说：“我是孔子的学生，我们走累了，给点吃的吧。”老板说：“我写个字，如果你认识的话，随便吃。”老板再次写了一个“真”字，这位弟子想都没想说：“太简单了，这个字念‘假’啊。”老板大笑：“连这个字都不认识，还冒充孔子的学生。”于是，他又被赶出酒家。孔子看到弟子们回来，得知原委，亲自去酒家，对老板说：“我是孔子，走累了，想要点吃的。”老板说：“既然你说你是孔子，那么我写个字，如果你认识，你们随便吃。”于是他又写了个“真”字，孔子看了看，谦恭有礼地说：“这个字嘛，可以是‘真’，也可以是‘假’，食物可以给我们，也可以不给我们，全凭老板的一念。”老板大笑，说：“如此懂礼守礼，看来您果然是孔子，小店的饭菜你们随便吃吧。”

真正会说话的人应该是这样的：诚实但不迂腐，明辨是非但不咄咄逼人。他们能够周旋于各色人等之间，纵然身陷明争暗斗之中也可以毫发无伤全身而退。古今著名的外交家、政治家，无不是说话的高手，他们将“真话不全说，假话全不说”运用到了极致。如此可见，找到了说真话与保密之间的平衡点，方可成为一代大家。

讲真话最可贵

在东方的寓言故事里，“说假话的孩子会被狼吃掉”；而在西方的寓言故事里，“说假话的孩子会长出可怕的长鼻子”。由此可见，无论是东方文化还是西方文化，都通过寓言故事让孩子明白说假话的可怕和讲真话的重要，告诫孩子一定不能说假话。可是，当孩子长大步入社会后，他们所处的生存环境却让他们对讲真话产生了疑惑，但这并不是说这个世界到处充满着谎言和欺骗，而是因为存在于这个世界的谎言和欺骗让他们深刻体会到了真诚的可贵，在各种各样的明枪暗箭里，他们也逐渐明白了虽说做人不能说假话，可是讲真话也要注重方式，即要做到“真话不全说”。

2007年，温家宝总理到医院看望正在调养中的季羡林先生，温总理说：“我喜欢看您的散文，讲的都是真心话。您说自己一生有两个优点：一是出身贫寒，一生刻苦；二是讲真话。对吧？”季羡林回答：“要说真话，不讲假话。说真话是最可贵的。”他解释说：“对于不想说的话，我们可以适当保持沉默，但说出来的话一定是真话，这样才能活得自由，不被虚假胁迫。”季羡林先生这段话是有深刻含义的，“不说假话”是做人的道德底线，“适当保持沉默”是人生处世的智慧和技巧。可以说，“讲真话最可贵”是这位饱学高士、诚实君子多年坎坷之后总结的人生经验，讲真话，不被虚假胁迫，也是世人享用一辈子的做人准则。

于人而言，“假话全不说”是为人之本。一个人只有遭遇了从自己口中流出的谎话的“反噬”，经历过别人所说的谎话的伤害，才能深刻地体会到谎言对人的伤害。可是一旦经历了这些，那必然会承受到巨大的伤害，所以想要远离谎言对一个人的伤害，那么就必须讲真话。

从小老师家长就教育我们要做一个诚实的孩子，不能说假话，因为说假话是会遭报应的。可是等我们到了成人阶段，又会逐渐发现，生活中，因为情况所迫，想要不说假话是很难的，而要坚持说真话就更难了，因为这个世上的事情都是很微妙的，而且在这个以“假”盖“真”的时代，要做到季羡林先生所说的“真话不全说，假话全不说”，需要拥有超脱世俗的智慧，要懂得为人处世的艺术。

·2·

撒谎，人际关系的“砒霜”

我说过不少谎话，因为非此则不能生存。但是我还是敢于讲真话的，我的真话总是大大超过谎话。因此我是一个好人。

——季羡林

海涅曾说：“生命不可能从谎言中开出灿烂的花。”也就是说，谎言并非良言，而且害人不浅。季羡林先生也曾说过：“不要讲假话，说真话是最可贵的。”因为谎言说得多了，慢慢就会失去别人的信任，在社会中无法获得健全的人际关系，更无法获得别人的帮助。经常撒谎的人，难以得到真正的友情和爱情，最后必然落得个众叛亲离。如此说来，谎言是人际关系的“砒霜”，应该杜绝说谎。

谎言是自欺欺人

孔子云：“内不欺己，外不欺人。”即是说做人不能欺骗自己，也不能欺骗别人。但有的人因为虚荣心作祟，经常喜欢吹嘘说谎，而且喜欢听别人的谎言，这其实都是在自欺欺人。季羡林先生也说谎言是一堆五彩的泡沫，看起来十分美丽炫目，让人迷失心智，其实都是虚假的。那么应该做到不欺已、不欺人，远离谎言，坚持说真话。

在《皇帝的新装》中，两个裁缝为了获得个人利益而编造了一个弥天大谎，造出了一件完全不存在的新装，连小孩子都不会相信，却没有人提出异议。大臣们为了迎合皇帝，满足皇帝的虚荣心，因而也跟着说谎；百姓为了安心生活，不愿意对大街上裸身的皇帝吐露真言，所以也呼应裁缝的谎言。皇帝面带着微笑在大街上游行，明明赤身裸体，仍然要自欺欺人，为了虚荣而假装穿了新衣，因而整个国家都被谎言笼罩。

两个骗子用谎言蒙蔽了国王、大臣、百姓，在这些人看来，一个谎言可以捍卫尊严、可以保命，可是他们却被自己带进了虚伪的假相，在谎言中越陷越深。只有孩子的眼睛是干净的，心灵是诚实的，他看得清真实的现状，一语道破国王的虚假新衣。

其实谎言与真相只有一衣之隔，穿得再美丽，裹得再严实，毕竟是衣服，而衣服是随时可以脱卸的。一旦谎言被揭穿，那么华丽虚伪的“新衣”之下便是丑恶的现实。

谎言不能持久

谎言是难以持久的，再怎么看似完美的谎言终究会有被戳穿的一天。恰如季羡林先生所言，一个人没有办法永远都生活在谎言里，当有一天谎言被戳穿，再也无法遮掩的时候，就会把最丑恶的一面呈现出来，而说谎的人也将为此付出代价。

《狼来了》的故事大家耳熟能详，放羊的小孩为了好玩，起了捉弄的心思，三番两次地在山坡上大喊“狼来了！狼来了！”坡下耕作的大人们听到小孩呼救，都放下手头的活计，匆匆忙忙地赶上来救援，上来后发现被小孩捉弄了，难免一番说教，奈何小孩子嬉皮笑脸，并不当一回事，过了几天依旧如此胡闹，大人们这样来来回回被小孩捉弄了两三次后就不再理会了。这一天小孩子在放羊的时候真的遇见了狼，他惊慌失措，大声呼救，可坡下的大人以为又是小孩在胡闹，便没有理会，等他们意识到事情不对赶上来时，已经有好几只羊被狼咬死了，幸好大人们上来得及时，小孩子才没有受伤。

大人们的忠告是正确的，谎话不能持久，放羊的孩子不听大人们的劝告，谎话说多了便没人相信了，等到真正需要帮助的时候却没有人当真了。现实生活中不乏“狼来了”的事例，周幽王烽火戏诸侯，固然得到了美人一笑，可是却也因此亡了国家。这世上没有永远的谎言，当谎言被揭穿，真相浮出水面时，说谎的人终究会为此付出代价。

一个如果始终洋洋自得于自己编织的谎言里，自以为有所作为，内心充满着成就感，那么他最终失去的将不止是信誉。谎言始终是虚假的、不真实的，没有人喜欢被欺骗，也没有人希望被骗，谎言就像砒霜，它能使兄弟反目、朋友割袍。所以说，远离谎言吧，因为它会给人们带来伤害，使我们失信于人，使人与人之间的距离越来越远。

·3·

沉默，有时无声胜有声

假话什么时候也不说，真话该说的时候就说，不该说的时候就不说，能做到这样人就不简单了。

——季羡林

我们常说：“沉默是金。”这句话的意思是说，有时保持沉默比争辩更有用，因为事实才是有力的。在一本介绍说话的艺术的书中有一段话是这样说的：“当别人用喋喋不休的话语责难你或无理取闹时，沉默是最好的选择。”也就是所谓的“此时无声胜有声”，有时候短暂的沉默反而会带来意想不到的效果。

沉默是一种美德

世间百态，纷繁复杂，有时候面对现实的丑恶，不要一味地去声讨、抱怨，要知道没有能力的人发出的慷慨陈词只能称为强词夺理。人生难免遇到意见相左的时候，有时适时地选择沉默并不代表懦弱，“道不同不相为谋”。沉默是一种品德，保持沉默，就可以保持内心的最后一方净土。

“采菊东篱下，悠然见南山”，是陶渊明在山水之间追逐到的内心释然；“晨兴理荒秽，带月荷锄归”，是陶渊明在山水之间追逐的舒适生活。

他不为五斗米向乡里小儿折腰，于是长袖一甩，离开官场，投身山林。他的这一举动，不可不谓之为面对丑恶的官场百态却无力回挽时选择的沉默。

选择沉默并不是因为畏惧，陶渊明看透了官场，于是他沉默地离开，在山水之中释放情怀。此时的沉默是对的，官场积弊并非一两日而就，陶渊明一个小小县令又有何力量去改变？若他梗着脖子直冲冲地去与上级抗衡，又何异于以卵击石？沉默不是怯弱，季羡林先生也曾说，沉默是一种美德，是自古流传的高尚品德，既然不能移山倒海，那便至少要做到不同流合污。

沉默是一种力量

鲁迅先生曾说：“不在沉默中爆发，就在沉默中灭亡。”自然，聪明的人不会自取灭亡，那么就要学会在沉默中爆发。沉默是一种积淀，是一种力量，一个人要学会在沉默中打磨自己，让自己变得足够强，这样才能有力量取得成功，才能让曾经质疑的那些声音消失。

公元前494年，吴王夫差率兵攻打越国，越国战败，越王勾践被押送到吴国做奴隶。勾践卧薪尝胆，忍辱负重，3年之后吴王夫差对他消除了戒心，便让他回到了越国。事实上，勾践从来都没有放弃报仇复国，他虽然表面上对吴王服从，却暗中训练精兵。为了鼓励民众，他和王后与人民一起参与劳动。终于，在越国人同心协力的努力之下，越国慢慢地强大了起来，最终灭了吴国。

勾践在战败之后选择沉默，以消沉的伪装面对吴王，令吴王对他失去戒心，最终复国灭吴。勾践靠着坚韧的意志，在沉默中爆发，国仇家恨一夕得报，他赢了，赢得精彩！

沉默是一种品格

季羡林先生以博学和智慧闻名，于他而言，沉默就是荣辱不惊。“文革”期间，他遭到批判，那段时间无人敢搭理这个满腹诗书的大学者。可是他却未曾就此消沉，安然处之，继续着以往的生活，后来他甚至感慨该感谢那一段时间，正是那种无人打扰的安静，才让他写出来了更多精彩的学术著作。

沉默并不代表默认，所谓“事实胜于雄辩”，面对别人的质疑，一味地解释又有什么用？越是解释反而越让人觉得你在掩饰，这又有何益？真相不会被永远掩盖，只要你不放弃努力，继续前进，总有一天你的成绩会替你证明，当初的沉默是因为心无畏惧，当初的沉默是对自己的认可，是高尚人格的凝结。

季羡林先生说，有时候无声胜过有声，选择沉默并不是选择默认，也不是选择放弃，而是用事实说话。沉默是聪明者的选择。

·4·

三思而言，含而不露的智慧

“三思而行”，是我们现在常说的一句话。主要劝人做事不要鲁莽，要仔细考虑，然后行动，则成功的可能性会大一些，碰壁的可能性会小一些。

——季羡林

古语有云：“君子不失足于人，不失色于人，不失口于人。”又云：

“临行而思，临言而则。”两句话表达的是一个同样的原则，即说话之前多加思索，不要脱口而出，想什么就说什么，说话之前思索一番，也不失为一种智慧。季羡林先生也曾说，说话一定要考虑后果，不要说大话，也不要说瞎话，伤害人心的话更不要说，三思而言是一种含而不露的智慧。

恶语伤人

有人说：“冲动是魔鬼。”故而为人处世自然是冲动不得的，说话之前多多考虑，试着站在别人的立场去分析，三思而言，不要为了逞一时口舌之快而去伤害别人。恶语伤人，有时候生气者冲动的一句话可能会给别人留下心灵上的伤口，这种伤害大都是很难真正愈合的，哪怕时间可以淡化一切，可是伤疤却会永远存在。

从前有一个小孩，他的脾气有些暴躁，总是控制不住地去说一些伤害家人朋友的话。当他再次因一件小事而暴怒发火后，他的父亲把他叫到一边，问他为什么发火，他愤愤不平地诉说了自己的恼怒。父亲听后给了他一盒钉子，告诉他以后每发一次火就在屋后的木桩上钉一颗钉子，等气消了之后再把钉子拔掉。有一天，小孩在拔掉一颗钉子后看着木桩上留下的洞陷入了沉思。父亲从后面走来，摸了摸他的脑袋，告诉他：“孩子，你发火的时候从没考虑过别人的感受，只是计较自己的委屈，你曾经说过的那些伤人的话就像这些留在木桩上的洞一样，也留在了他们心上。孩子，以后发火之前要想想，为了一些小事，值得给别人在心里留下伤痕吗？”

的确，“好言一句三冬暖，恶语伤人六月寒”。伤人的话出口之前不妨仔细揣摩一下，为了这些事情值得给别人在心里留下伤疤吗？

谨言慎行

《礼记》有云：“君子道人以言而禁人以行，故言必虑其所终，而行必稽其所敝，则民谨于言而慎于行。”也就是说，做人要“谨言慎行”，所谓“谨言”即是言语之间要谨慎，所谓“慎行”即是举止之间要慎重。不该说的话不要说，不该做的事不要做，说话做事之前多考虑、多思索，因为言语之间的不慎很有可能会酿成大祸。

在一家公司里有两名优秀的员工，他们同期进公司，两人感情很好，可是性格却迥异：一个谨言慎行、沉默寡言，整日里埋头苦干；另一个却恃才傲物、大大咧咧。开始时，大大咧咧的员工很是受领导的看重和同事的喜爱，可是慢慢地就出现问题了，这个人过分自负而总是说些不该说的话，令别人很是尴尬，同事们虽然明面上不说什么，可是渐渐地都疏远了他，而领导也对他没上没下的玩笑行径产生了厌恶。最终他因口无遮拦惹得某上司在公众场合下不来台，又恃才傲物成绩平平，被撤职下岗。而沉默寡言又谨言慎行的那个员工因为成绩显著，不久之后得到了领导的提拔。

由此不难看出，所谓言多必失自是有其道理的。一个人生活在社会中，都有自己的身份和位置，有时候要深谙人情世故，懂得避讳，不要整日多嘴多舌，哗众取宠。正所谓多说多错，话多的人可能在短期内跟别人相处融洽，但长此以往不懂得收敛，言语举止之间难免出现疏忽、差错。因此，不论做什么事，都要谨言慎行，三思而后言，三思而后行。

三思而言

《论语》有言：“三思而后行。”即是说，无论做何事都要再三考虑，思虑清楚了再下决断。事实上，说话之前也要三思，所谓的三思而言，就是谨慎说话，为自己说的话负责，以合适的方式说出想说的话，这是一种成熟处世的表现。

三思而言并非说话吞吞吐吐，也不是优柔寡断、瞻前顾后，而是谨慎全面地考虑一些话应不应该说、应该如何说。

有这样一个故事，有一次数学测验题目非常难，全班只有两位同学及格。晚上，两位学生各自带着自己的成绩单回家，其中一个回家之后，家长问他考得怎么样，他立刻回答：“考了60分。”结果挨了家长一巴掌。第二个学生回到家里，家长问考得怎么样，他想了一下说：“今天的考试非常难，全班就只有两个同学及格了，我就是其中的一个。”结果家长一听非常高兴，尽管成绩单上只有60分，他仍然得到了奖励。

所以说，三思而言，不论说什么话，做什么事情，都要多思考一番，这样才能少出差错，而且还有可能得到意想不到的收获。同样的道理，十句话说对九句，都未必有人称赞，可是只要说错了一句就会遭受指责，所以有修养的君子不冲动、不狂妄。恰如季羡林先生所说的那样，三思而言是一种含而不露的智慧，没有经过深思熟虑的话不要随便乱说，做事宁可显得笨拙一些，也不能自作聪明。

·5·

言之有礼，说话注意细节

说话，是要讲究技巧的，要言之有礼，要注意说话的细节。

——季羡林

“话有三说，巧说为妙”，强调的就是说话时要讲求一个“巧”字。同样一个意思，表达的方式不同，产生的效果也不同，而聪明的人往往会选择一个最合适的表达方式。古往今来有许多事例向世人现身说法，阐述的都是相同的道理：“有道德的人，决不泛言；有信用者，必不多言；有才谋者，不必多言。”

言之有巧

虽然说大家都明白“巧说为妙”，可是“巧”得靠自己掌控，聪明的人说话时也是最讲求技巧的，有时话说得好了能事半功倍，同样也有很多人曾因说话方式不对而处处碰壁，甚至丧失性命。

古代有一个皇帝，晚上做了一个梦，梦到自己满口的牙齿掉得只剩下一颗了，早晨醒来十分不开心，便下旨找来两个术士上朝解梦。第一个术士说：“皇上，此梦解来不难，这个梦的意思是说皇族的其他人全部死完时，您还不会死。”皇帝一听感到非常晦气，认为这一定是个不学无术的人，梦解得不对，便命侍卫把他拉出去斩首，以免再误解他人之梦。第二个术士听了皇帝的梦之后，大呼万岁道："恭喜皇上，贺喜皇上，依圣上昨晚之梦，您将是皇族之中最长寿的人，有您这样的明君长期当政，岂不是百姓之大幸？"皇帝听后，龙颜大悦，赏术士黄金五十两。

两个术士，说的同是寿命长短的意思，却因说话技巧问题而产生了两种全然不同的结果。这不正如季羡林先生说的那样说话是要讲究技巧的吗？有时候，换一种说话方式，事情就会多一份转机，结局也就截然不同了。

言之有理

季羡林先生说："说话，就事论事而言，最基本的要求就是讲理，要有理由，要讲道理。"但是在现实生活中，很多时候人们在说话时，会把意思扩大化、深层化，毫无道理可究。

一个孩子在倒水时不小心把杯子打碎了，家长说："你天生就是一个败家子。"孩子黯然失色，心理上难免留下创伤。试想一下，只因为打碎了一个杯子，就把孩子定性为败家子，这有什么道理可言？如果换一种说法，告诉孩子："没关系，以后注意点，你能自己倒水，说明你在成长，我们已经很高兴了。"这样对孩子的成长更为有利。

言之有理，就是不要轻易给任何人下结论，事情是变化的，人也是在不断变化的，每个人都有善良的一面，每件事都有积极的因素，就事论事，不要以偏概全，所谓的理大抵上就是这样的吧。

言之有礼

说话要有"礼"，要尊重听你说话的对象。朋友甲帮朋友乙解围时这样说："他这个人其实心不坏，就是不会说话。"这样的表达恰当吗？就算是陌生人也应该给予尊重，采取这种不恰当的语言表达方式，甲难免会给乙留下阴影，甚至可能产生误会，也许换一种方式，以礼而言，会更容易让人接受。

如果说要评价一位女士很胖，一种方式是直接说：“你真的很胖，需要减肥”；另一种方式说得委婉些：“看得出来你从前一定是个很苗条的人，现在虽然有些发胖，但是气质还在。”两种方式对比一下，哪种方式更容易让人接受呢？第一种直接粗俗，第二种委婉、有礼貌，想必大部分人都会喜欢第二种方式。所以，以已度人，自已不喜欢的他人也不会喜欢，已所不欲勿施于人，想要别人以礼相待，就应该先学会言之有礼，以礼待人。

同样一句话，如果采用委婉的表述自然会让人欢喜，若是直白表达定然会惹人厌恶。中华文化博大精深，一个字、一个词甚至语气的变化都会使一句话的意思发生变化，而同样的意思在不同的表达方式之下造成的后果也不尽相同。所以说，既要言之有理，又要言之有礼。

中国是礼仪之邦，说话自然也要讲“礼”。正如季羡林先生所说的那样：“说话是人与人之间进行交流的基本方式，话的本意不变，但是说法不同，说话产生的效果也就不同。”言之有礼，抓住细节，尊重他人，也会赢得他人的尊重，说话不仅有技巧，也要讲礼、抓细节。

·6·

说在明处，意在暗处

那一些被神韵家推崇的诗句，比如“兴阑啼鸟尽，坐久落花多”等等，当然表达一种情景，但妙处不在这情景本身，而在这情景所暗示的东西，比如绝对的幽静，人与花鸟、物与我一体等等。这些都是没有说出来的东西，这就叫神韵。

——季羡林

众所周知，为人处事不可恶语伤人，要讲究说话的技巧，可是有时候明知是恶言，却又不得不说，那么该如何是好呢？智慧大师季羡林先生说了，在这个时候，说话就要恰到好处，要讲求技巧，说在明处，意在暗处，言有尽而意无穷。

曲径才能通幽

何为曲径通幽？通俗地讲就是对话时不要太过直截了当，而要学会从侧面切入，在暗中点明自己要说的话的主要含义，将话说在明处，而含义却藏在话的暗处。

在日常生活中，在批评和建议时如果只提对方的短处而不提他的长处，对方肯定会感到不平衡或者委屈。人都是有自尊心和荣誉感的，有的人之所以不愿接受批评或建议，主要是因为触伤了自己的自尊心和荣誉感。所以在给他人批评和建议时，含蓄委婉的方法反而能更有效地达到目的。

一个普通职员去领导家谈事情，领导的夫人非常热情地招待他，招呼他坐下之后又很有礼貌地为他端茶倒水。职员说完自己的事情后，因领导夫妇的热情招待便与领导高谈阔论起来，当时天色已经很晚了，领导的孩子第二天还要上学，需要早点休息，而且领导夫人辛苦一天也已经很疲倦了，可是这位客人此时谈兴正酣，领导夫人不好直接请客人出门，于是便在心底里捉摸着该怎么办呢？

领导夫人想了片刻，然后起身先去厨房收拾碗筷，然后回到客厅对丈夫说："人家这么晚来找你，肯定是有要紧的事情，你快点给人家想个办法，天都这么晚了，别耽搁了人家回家的时间。"然后又客气地对客人说："您再喝杯茶吧。"职员恍然大悟，立刻听出了领导夫人的弦外之音，连声抱歉地告辞了。领导夫人把自己的意思用委婉的方式表达了出来，既礼貌大方又尊重了客人。其实面对生活中的很多事情都可以换一种方式去表达自己的意见，用得体的语言也可以成功地达到自己的目的。

忠言也能顺耳

人都有出错的时候，在发现别人有了过失时，如果你决定批评或指出，就一定要注意方式方法。过急或过火必然会招致对方厌烦，而过轻或过迟，对方又可能根本意识不到。所以，一定要把握好这个度，只有及时和含蓄地提出批评或错误，让忠言不再变得逆耳，才能发挥应有的作用。

在古代有这样的一个故事：古人乐羊子外出求学7年未归，其母亲与妻子相依为命、苦守贫寒。有一天，乐羊子的母亲饥饿难忍，偷了邻居的一只鸡，他妻子知道后十分生气，可是作为儿媳又不能责备自己的婆婆，于是她便沉默不语。当乐羊子的母亲把煮熟的鸡肉端上桌时，他的妻子一直不动筷子，乐羊子的母亲问她怎么了，她便一边抹着眼泪一边悲伤地说道："是媳妇不孝，没能照顾好婆婆，竟然让婆婆不能吃到自己家的鸡肉。"乐羊子的母亲听后十分愧疚，从此以后哪怕生活再艰辛也没有去偷盗。

由此可见，忠言未必都是逆耳的，全在于劝谏者的说话技巧如何。所谓说话如用兵，劝人要讲求技巧，要学会尊重他人，照顾他人的情绪，这样才能达到动之以情、晓之以理的效果。

言有尽而意无穷

季羡林先生认为，有的时候，跟人说话要留几分余地，给别人留点空间，言有尽而意无穷。批评、建议、指点都不能太直接、直白，得让人慢慢领悟其中的含义才行。

一位不知名的画家向著名画家门采尔诉苦："为什么我画一幅画只需要一天工夫，而卖掉它却要等上整整一年呢？"门采尔很严肃地说："倒过来试试吧，亲爱的！"门采尔是告诉这位画家，如果能够静下心来，肯花一年的时间去认真完成一件作品，也许卖掉它就只需要一天。但他并没有直截了当地说出来，而是采取了一种蕴含智慧的方式，言有尽而意无穷，暗示那位画家不能平心静气去创作，只是一味地追求利益，这样肯定不能获得好成绩。

说话是一门奇妙的艺术，一句简单的话语中可以容纳无穷的内涵和寓意，这不仅是说话的智慧，更体现出一个人的素质和涵养。通常真正的成功人士都具备这样的素养和能力，他们将语言艺术化，与人交往时，说话绝不会过于直白，真正做到言有尽而意无穷。

总的来说，语言表达要准确、清楚，在现实生活中，说话最好不要直来直去，委婉含蓄地表达，不仅更容易让人接受，还可深得人心。像季羡林先生说的那样，言在明处，意外暗处，既能达到说话的目的和效果，也不至于让人听着尴尬。

·7·
要敢以真性情示人

一个性情中人，做人要质朴、醇厚、诚恳、平易；骨头硬、心肠软、怀真情、讲真话；不阿谀奉承、不背后议论、不人前一套、人后一套；无哗众取宠之意，有实事求是之心；不是丝毫不考虑自己利益，而是多为别人考虑。做人做事关键是一个“真”字，实践一个“善”字。性情中人，心向往之，追而求之。

——季羡林

什么是真性情

所谓真性情，就是看重自己的个性和内在精神，不随波逐流，不人云亦云。生活当中真性情的人，都执着地追求自己的目标，不在意别人的眼光，勇于探索生命中真正的意义。他们的所作所为或许不能带来多少实际利益，但是这样一种生活态度，洒脱自由，有更少的羁绊和拘束，活得也更快乐、更纯粹。

季羡林是学贯中西的大家，在中国当代文坛上的地位显赫耀眼。然而与他获得的社会名望相比，现实生活中的他更像一个可爱的小老头，朴素幽默，不事张扬，平易近人。他的一些言论被广大网友传播“欣赏”，大家都对他的率真性格表示赞赏和认同，因为在以往的宣传中，凡是大人物、名人，几乎都有一个“完美人生”，不但年少志强，而且十全十美。而季羡林先生用他的日记展示出其内心独白，并将一些不那么“高雅”的、有损大师个人形象的日记收进文集，这更显示出大师的做人境界。因为在他的眼里，真实是最可贵的品质，用虚伪和掩盖营造出的所谓圣人形象其实是虚假的、最不值钱的，这就是季羡林的真性情。

有一年北京大学新生报到，一位新生带的行李太多，办手续非常不方便，正发愁时，旁边走过一位衣着朴素、其貌不扬的小老头，他见学生愁眉苦脸，问他怎么回事，得知了情况之后，便笑着说道：“你去办手续吧，我帮你看行李。”就这样，老人帮这位新生看了几个小时的行李，而学生至始至终都不知道这位老人是大名鼎鼎的季羡林先生。过了很长一段时间，那位学生见过季老的照片后才恍然大悟，原来当初报到时帮自己看行李的是季老先生。

季老帮学生看行李，不是出于什么追名逐利的目的性，而是凭心而做，凭感情而做，这正体现出他的真性情。一个人做事情，要么出于利益，要么出于性情。出于利益做事情，往往都不是心甘情愿，而出于性情做事情，不仅仅能满足自己的心灵，而且还会把快乐带给别人。

敢于追求真性情

坚持真性情，敢于追求真性情，这些说起来简单，做起来就难了。所谓真性情，就是季羡林先生所说的：“敢说内心之所想，敢做内心之所想。”但真性情却不是一味地肆意蛮干，它也是有方向、有策略的。对于一个人而言，所谓真性情便是不造作，敢于追求真我。

季羡林先生在接受采访时不止一次强调做人要真，要有“真我”之心。那么何为真我？所谓的追求真我，也就是真性情的流露，做人做事要讲求真性情，展示真性情。

唐代的诗仙李白，正是敢于追求真性情的一代奇人。他高呼：“仰天大笑出门去，我辈岂是蓬蒿人！”一句诗将浑身的豪迈展现得淋漓尽致。这位“天子呼来不上船”的诗酒狂人，是一位以金龟易酒的酒中仙，他在唐玄宗面前丝毫不做作、不拘束，该怎样就怎样。他喝醉了酒，敢躺在皇帝的龙榻上，敢让高力士脱靴，让杨贵妃捧汤。他在朝中敢于直言，抨击权贵，敢于指出唐玄宗和杨贵妃的缺失，这都是真性情的表现。虽然很多人说李白狂妄自大，可也不得不佩服他豪迈的性情，他不拘泥于小我，敢于追求真我，单这份气魄便让世人叹服。

李白为何如此放纵自己的真性情，又为何如此“不计后果”地展示自己的真性情？这些大概与他渴望自由，激情豪迈，勇于“乘风破浪”的气度有关吧。李白的一生，恣酒逍遥，快意恩仇，不为名利所累，一言一行皆发自本心，在他看来，朝廷不容他又如何？自有这秀丽河山能容得下他。

众所周知，古今中外一些真性情的大人物都有“叛逆”的言论和行为，而他们对此并不觉得有违自身形象。在他们看来，言论和行为无需隐藏，该大大方方地展示出来，说话做事不必在乎其他人的眼光和评价。世上的事都是日久见人心，掩藏得太多只会变得虚伪，坚持做一个真性情的人，就是一个快乐自由的人。

·8·

一语为重百金轻

做人要守诚信，正所谓一诺值千金。

——季羡林

俗话说得好："一言既出，驷马难追。"这句话的意思是说，答应了就决不反悔，承诺不是随随便便就能许的，在这个世界上，诺言既然许下了，就要竭尽全力去履行。连国学大师季羡林先生也说"一语为重百金轻"，这就更能显示出这"一语"是何其珍贵了。

南门立木

诚信是做人最基本的行为准则和最起码的道德修养，是中华民族的传统美德，是中华民族的民族精髓。待人以诚，待人以信，不但是人的内在品质和精神要求，也应该是社会的规范。

商鞅为求得百姓的信任，在南门搭了一个台子，站在上面对老百姓说："如果你们当中有谁能扛着这块木头穿过那一个城门，我就赏他一百两黄金。"当时老百姓们都议论纷纷："做这么简单的事情就能得到一百两黄金？这位大人是在开玩笑吧？"这时有一个大胆的农民走上去扛起一块木头，穿过了城门，商鞅果然赏了那位农民一百两黄金。百姓们都说商鞅说话算话，商鞅的信用也随之建立了起来。

“人而无信，不知其可也。”做人当以“信”为先，讲求信用，说到做到。一个人如果总是失信于人，那么他在别人心目中将毫无信用可言；反之，如果他无论何时何地都讲求信用，他就将得到别人的信任。

赵氏孤儿

季羡林先生曾经说：“一个人只有忠诚老实、诚恳待人，才会取得别人的信任；只有讲信用、守信义，才会赢得身前身后的信誉。在漫漫人生的旅途中，诚信犹如人的灵魂，是不可缺少的一部分。”既然诚信于人而言如此重要，那么一语之重百金轻可谓言之有理。

战国时的赵国有一名叫赵耆的大臣，他因遭到奸臣屠岸贾的诬陷而被赵王判为死刑。临死前，他对门客仵臼和程婴说：“我死后，你们要保住我的儿子，把他培养成人，除掉屠岸贾那帮狗贼。”当时赵耆的儿子只有半岁，程婴也有一个半岁的儿子，于是他们就把赵耆的儿子从宫里偷出来，养在程婴家里。屠岸贾发现孩子不在宫中，就到处搜查，并且下令：若查不出来，就把全国一岁以下三个月以上的孩子全部杀光。仵臼和程婴二人于心不忍，就让仵臼把程婴的儿子藏在自己家里，由程婴去“告密”，屠岸贾果然在仵臼家里搜出了孩子，把孩子摔死了。程婴带着赵耆的儿子隐居深山19年。

这个故事广为流传，被编成戏曲《赵氏孤儿》演绎出来，感动人心。《赵氏孤儿》的故事不外乎是为了告诉世人，做人就要信守承诺，只要是自己答应的事情，不管有多难，都要去做。

一诺千金

言而有信的道理想必人人都懂，季羡林先生也说，要做“人”就要有信，因为“人无信则不立”。只有讲究信用的人才能得到他人的尊重与认可，才可以走向成功。

英国著名的政治家福克斯小时候是一个好奇心很强的孩子。有一年放假时他的父亲想把家中花园里的一座旧亭子拆掉重建，福克斯很想亲眼看看亭子是如何被拆的，可是假期即将结束，因此他打算晚几天再返回学校。可是他的父亲却执意要他准时回学校上课，因此父子之间发生了不愉快。他的母亲知道后就去找丈夫说情，最后父亲与福克斯约定让他先去上学，等下个假期再拆亭子。他的父亲认为福克斯在学校里忙于学习，慢慢地会把这件事忘掉，于是福克斯一走，他就让人把亭子拆了，并且在另一处更加宽广的地方盖了一座新亭子。孰料福克斯却一直把亭子的事记在心里，等到假期来临，福克斯回家之后却看不到旧亭子了，便闷闷不乐地对父亲说：“爸爸，您怎么可以不遵守承诺！”父亲听后大为震惊，思考了一番，然后严肃地说道：“孩子，你说得对，是我错了，我一定会改正。”说罢，父亲随即让人在原地盖起了一座亭子，再当着福克斯的面将亭子拆除了。

中国有一句古话是这样说的：“言必行，行必果。”福克斯的父亲认识到自己没有遵守承诺，必定给儿子的成长造成不良影响，因而立刻改正错误。他就是想让儿子知道，答应别人的事情，一定要做到，要做一个信守承诺的人。正所谓谎言是开不出灿烂的花朵的，信守承诺是做人的根本原则，承诺与诚信是紧密相连的，一诺千金是一个优秀人格的代表。

承诺是什么？它不是简单地“许下”，因为它包含着人与人之间的信任。几千年来，信守承诺一直是中国人为人处世的根本，也正因如此，才会有“一言九鼎”这个成语出现，才会有“一言既出，驷马难追”这段佳话流传，既然古人们都能做到这点，后人们又怎可以忘却呢？

NO.4

生活要知足，学习要不知足

——季羡林谈治学哲学

季羡林先生曾说："生活要知足，学习要知不足。"在他看来，学无止境，为学者就要多读书、勤修习，要敢于抓住一个问题探究到底，因为真理是通过无数次辩驳论证而形成的。除此之外，做学问要博采众长，秉持一颗学术良心，用历史的眼光看待一切问题，相信自己，但是又不能迷信天才。本章将从治学的方法、原则等方面结合季羡林先生的思想展开描述，以此来展示他的治学哲学。

·1·

天下第一好事在读书

人类千百年以来保存智慧的手段不出两端：一是实物，比如长城等等；二是书籍，以后者为主。书是事关人类智慧传承的大事。后一代的人必须读书，才能继承和发扬前人的智慧。人类之所以能够进步，永远不停地向前迈进，靠的就是读书写书的本领。

——季羡林

元代程端礼曾说：“劳于读书，逸于作文。”冯梦龙在《醒世恒言》中提到：“要知天下事，须读古人书。”而“书中自有黄金屋，书中自有颜如玉”的说法也由来已久。故而，智慧大师季羡林提到的“天下第一好事在读书”也不算枉言。

读书如攻坚

现实生活中，有些人在学习时视难题为敌人，视读书为攻坚，每次看见书本就昏昏欲睡，甚至将其视为催眠神器。

文学大师季羡林先生在谈及这个问题时便提到了宋代大文豪苏东坡的主张——“八面受敌法”，即让人将学习对象当作从八面分割包围而来的敌人去攻克，这个方法也曾受到过毛泽东主席的赞扬。毛主席曾说：“咱们同志们学习中要‘攻书’，就是要把把书本上艰深的、生涩的问题看作是敌人的堡垒，要坚决地攻下来。” 而董必武先生在诗中也曾写道：“学习当如卒过河。”提倡的也是以进攻精神来读书。此外与此观点不谋而合的还有叶剑英的：“攻城不怕坚，攻书莫畏难。科学有险阻，苦战能过关。”

虽然有人将读书视为难题，也有人将读书比作攻坚，但是我们应怀着“读书之乐乐淘淘”的心态去接纳它，因为书籍不仅是良师，是益友，是进步的阶梯，亦是指路的明灯。

开卷有益

何为开卷有益？宋朝时期，太宗赵光义为了巩固自己的统治，曾召集文人学者编写了《太平御览》这本被后世称为百科全书的书作。这本书编成后，哪怕国事再繁忙，他都会坚持每天阅览三卷。如果有时因事耽误了，他也要抽取闲暇时间再补上。有臣子劝谏他不必如此辛苦，他便说：“开卷有益，朕不以为劳也。”后来，“开卷有益”这四个字就成了鼓励人们刻苦读书的至理名言。

同样是在宋朝时期，有位很喜爱杜甫诗的读书人，模仿杜诗的诗风写了不少作品，但都不能令人满意。于是，他就向著名的文学家王安石请教：“杜甫的诗为何会那样精妙呢？作为后世之人，我实在难以超越他呀。”王安石答道：“杜甫写诗的决窍不是已经在他的诗中说出来了吗？”这个人又疑惑地问道：“这个诀窍是什么呀？我怎么不知道呢？”王安石摇着扇子笑了笑说：“杜诗中有言：‘读书破万卷，下笔如有神’，这两句不是就已经说得很清楚了吗？”这个人听了之后恍然大悟，连声称谢，此后他更加刻苦地读书，最终在写诗方面取得了很大进步。

开卷有益，读万卷书便如行万里长路，正如季羡林先生所说，读书是天下第一的好事，书中自有丘壑，故而书还是多读些好。

读书如结交挚友

书中到底有什么样吸引人的东西呢？这个问题怕是只有真正爱读书的人方能体会得到吧。季羡林先生之所以如此博学多智，与他读书的爱好是密不可分的，他说只有在读书时方能充实自己的内心，只有在读书后才能觉得自己是富足的，书读得多了，人自然就变得智慧了。

在英国流传着这样一句谚语："好书如挚友，终身不相忘。"革命的先行者孙中山一生酷爱读书，将书视为挚友，即使在流亡国外为革命辛苦奔忙时，他仍坚持读书，只要一有时间，就会一头钻进书海里。在伦敦时，他经常到大英博物馆的图书馆看书，生活费的一大部分都用于买书。

有一次，他把所有的钱都拿去买书，连一点生活费都没留，结果吃不上饭，天冷了连一件厚衣服也买不起。有几位在伦敦求学的中国留学生十分同情他，不忍见他在异国他乡挨饿受冻，便一起凑了一些钱给他，让他先解决温饱问题。可是还不到三天，这些钱又被他用完了，原来他看见书店里有一些急需阅读的书籍，实在是忍不住，就把大家凑给他的生活费又拿去买书了。朋友们对此深感无奈，对他说："读书虽好，但不能当饭吃啊。"可他却说："我一生的嗜好，除了革命之外，就只有读书。我一天不吃饭可以，但是如果不读书，就不能生活。"

"韦编三绝"的故事并不陌生，喜爱钻研《易经》的孔子觉得每读一次《易经》，都能够悟出一些新的东西来，所以他就一遍又一遍地研读，读得次数太多，竟把串连竹简的牛皮绳都磨断了很多条。在孔子看来，读书就像跟知识渊博的朋友相处，能够开启人的智慧，获得很多超乎想象的乐趣。爱读书的人，永远不孤单寂寞，而这个世上，恐怕唯有书籍能与日月星辰争辉。

“读书之味，愈久愈深”，“书籍是人类进步的阶梯”，可见读书果真是天下第一的好事，博学如季羡林先生直到缠绵病榻都没有放弃好好读书，那么才学疏浅的我们又有何理由不去多读些书呢？

·2·
我的诀窍在于“笨”

做人要老实，学外语也要老实。学外语没有什么万能的窍门。俗语说：“书山有路勤为径，学海无涯苦作舟。”这就是窍门。

——季羡林

古人有云：“勤能补拙。”亦有人言：“笨鸟先飞。”智慧大师季羡林先生在谈到做学问时曾经提到，一个人不怕他笨，就怕他懒，笨的话可以通过多学、多读、多看去弥补，比旁人多一些努力，总归是能学会的。可你要是懒，那就真的没办法了，知识不会自己钻进你脑袋里。

勤能补拙

“勤能补拙是良训，一分辛苦一分才。”道理其实很简单，重要的是付诸行动，去努力坚持。“一份耕耘，一份收获。”付出和收获是成正比的，伟大的成功和辛勤的劳动也是成正比的。笨并不可怕，可怕的是明明很笨却不思进取；聪明也并不值得骄傲，如果不努力，聪明人的成就连笨人都不如。

方仲永的故事可谓众人皆知，他5岁时就能做诗，让名师大家诧异赞赏，他的家人以此为炫耀，整日带着他参加各种宴会、诗赛，然而没过几年，这个天才儿童便已经沦为众人了。这是为什么呢？方仲永的天赋固然是高，可是他失去了后天的学习机会，他的知识只停留在那一个层面，但年龄却在增长，也许他5岁时懂得的知识在同龄人中间拔尖，可是当他10岁时还只有5岁的见识便不够了。

虽然说方仲永的事例只是一个放大的事实，可其中的道理却是值得深思的。天赋再高，若是放弃后天的勤奋努力，也终究会落得沦为众人的下场。同样的道理，就算天赋不够，但只要勤劳刻苦，总有一天能有所成就。爱因斯坦就是笨鸟先飞的典型代表，他小时候并不聪明，可是他肯花费比别人多的功夫去学习，别人读一遍就记住的东西他也许需要读十遍，可他始终没有放弃，所以他成功了，当年那些比他聪明的孩子却都没有取得像他一样的成就。

笨鸟先飞

世界上成功事例的主人公并不都是聪明人，有一些先天能力并不突出的人，他们在做事的时候擅长提前准备，反复操练检验每一个环节，在别人休息玩乐的时候默默地努力着。这样的人有一颗坚持执着的心，愿意比别人花费更多的时间和精力，一遍遍重复着失败而不气馁。这是一种笨鸟先飞的精神，即便天赋不高，他们也是可以取得巨大成功的。

从前，在森林里住着一群可爱的小鸟，其中有一只干什么都笨手笨脚的，大家叫它小笨。有一天，它们举办飞翔比赛。裁判下令之后，别的小鸟都很快飞了起来，唯独那只小笨鸟怎么都飞不起来，最后居然撞到了一棵树上。别的小鸟看到后都嘲笑它说："你真笨，居然会撞在树上。"小笨鸟听后难过地低下了头，然后悄悄地回家了。回到家后，它开始努力练习飞翔，一周之后，它虽然能飞起来了，却还是飞得很慢，鸟妈妈看见又是心疼又是着急地说："孩子，过一段时间我们就要去南方了，你飞得这么慢肯定会掉队的呀。"

小笨听了偷偷地掉下了眼泪，然后默默地在心底做了个决定。第二天一大早，小笨便开始往南方飞去。等到了迁徙的时间后，别的鸟儿都找不到小笨，可是眼看着天气转冷，鸟群不能因为它而耽误了迁徙，它们着急了一会儿便开始往南飞了。最后等这些鸟儿都飞到南方时，却见到小笨已经在那里了，它们好奇地问："小笨，你怎么过来的呀！"小笨开心地说："我比你们提早一个多月就开始往这里飞了。"

一个天资不高的人，就好像笨鸟学飞翔一样，如果想成功，就必须比别人早起步，多磨练，努力尝试，不断进取。否则，在同样的机会降临时，资质差的人是无法取胜的。笨鸟先飞，虽然会耗费更多的时间和精力，但却是一个可以追赶其他人的好方法。无论是学习还是工作，如果有了"笨鸟先飞"的精神，就有可能提前到达目的地，这也正是季羡林先生说的诀窍。

以"笨"取胜

笨不要紧，要紧的是明知道自己笨，还不努力。笨就要做好充分的思想准备，要比别人多一些辛苦努力，梦想才会变成现实。

村里住着两个人，一个人天生很笨，但他的梦想却是金榜题名，成为一个了不起的大人物。另一个人头脑比较聪明，有梦想，也想出人头地，但是时常要小聪明，认为很简单的事情不用耗费精力去做，因此投机取巧，变得十分懒惰。为了实现自己的梦想，那个笨人不管风吹雨打、酷暑严寒，都坚持三更睡五更起，即便物资生活很匮乏，他依旧不断努力读书，朝着自己的梦想前进。而另一个聪明人，读书总是三天打鱼两天晒网，对书本一知半解，又喜欢偷懒。夏天的时候，他嫌太热，就放弃读书，跟大伙一起去乘凉；冬天下鹅毛大雪，他又嫌太冷，一个人躲回屋里烤火。不仅如此，他还时常讽刺那个笨人不懂得享受生活，只知道一味地死读书。

光阴似箭，很快就到了大考的日子，两人都去应考。结果，勤学苦练的笨人实现了金榜题名的梦想，而那个只知道贪图享乐的聪明人却落了榜。其实上帝从来都是慈爱的，对每一个人也很公平，从来都不会抛弃任何人，也许它给你关上了一扇门，可它一定为你打开了一扇窗。

如此可见，笨其实是一种诀窍，聪明会反被聪明误，我们不如老老实实地用最笨的方法去努力，那么成功会离你很近。

·3·

抓住一个问题终身不放

我要指出我从何处学得了这些治学方法，实在是很不容易的。我想比较妥当的方法，是我从考据学方面着手逐渐地学会了校勘学和训诂学。由于长期钻研中国古代典籍，而逐渐地学会了这种治学方法，所以要总结我的经验的话，我最早的资本或者就是由于我有怀疑的能力。

——季羡林

胡适先生曾经说过这样一段话："每个人离开学校，总得带一两个麻烦而有趣味的问题在身边作伴，因为只要有问题跟着你，你就不会懒惰了，你就会继续有智识上的长进了。"季羡林先生却认为，光带着问题还是不够，他觉得做人就得"抓住一个问题终生不放"。

学会抓问题

在季羡林先生看来，这个世界纷繁复杂，处处都隐藏着问题。而对于一个人来说，要善于寻找问题，抓住问题，在现实的层层掩护下一眼看出问题的关键所在，然后去思考。

春秋战国时期，我国有一位创造发明家叫作鲁班。相传有一次他进山砍木头时，一不小心被路边的野草划伤了手掌。鲁班好奇地拿起一片叶子研究了起来，原来叶子两边长着锋利的齿，他的手就是被这些小齿划破的。于是鲁班便想，这么柔弱的叶子因为这些尖锐的齿便能划伤人的手掌，那如果在更加坚硬的东西上也做出这样的齿是不是就能割开更加坚硬的东西呢？如果用这种锯齿状的东西做成工具不是也能很快锯断树木了吗？经过许多次试验之后，鲁班终于做出了锋利的锯子。

如果被割伤手的鲁班没有去思考为什么自己会被柔软的小草划伤，而是简单地抱怨两句，或是毫不在意地走开，那么结果就会大相庭径了。而在学问上，也要像鲁班这样，抓住问题，多加思考，多问几个为什么，多想几个为什么，学会抓住问题的关键，然后通过思考去探索，总归会有新的发现。

不要逃避问题

爱迪生为了研究有声电影花费了很多的时间和心血，很多人都劝他放弃，可是他却丝毫不退缩，因为在他看来离成功就差那么一点点了，所以他一定不能放弃。不幸的是，失误引发了一场大火，他的实验室被烧成一片瓦砾，他研究有声电影的所有资料和样板被烧成灰烬。当时他的老伴看着一片废墟难过地哭喊：“多少年的心血，叫一场火烧了个精光。而今你已年迈力衰，这可怎么办啊。”爱迪生虽然也很伤心，可是他决不会由此而放弃。他想到了自己当年发明电灯时先后试验了7600多种材料，失败了8000多次，而眼下这场灾难只不过是一场大火罢了，于是爱迪生对老伴说：“不要紧，从明天早晨起，一切都将重新开始，只要我还活着，一切依然能再继续。”

面对这次打击，爱迪生没有逃避，认真分析了以前失败的原因，最终找出了问题所在，完成了这个耗时已久的发明。在这个世界上，每天都有成千上万的人被形形色色的困难所困扰，不同的是有些人选择逃避，而有些人选择面对。逃避的人放弃了一条艰难的路，也许在别的方面也会取得成绩，可是在他的心中却永远留下了一道过不去的坎；选择面对的人也许经历了比常人多的痛苦，可终有一日他能亲自解开心底的疑惑。

抓住一个问题一生不放

“根据我个人的观察，一个学人往往集中一段时间，钻研一个问题，搜集极勤，写作极苦。但是，文章一旦写成，就把注意力转向另外一个题目，已经写成和发表的文章就不再注意，甚至逐渐遗忘了。我自己这个毛病比较少。我往往抓住一个题目，得出了结论，写成了文章；但我并不把它置诸脑后，而是念念不忘。”季羡林在自己的文章里如是说道。

而现实中他也的确是这样做的。季羡林先生在1947年写过一篇用中文和英文同时发表的论文《浮屠与佛》，但是由于当时各方面条件的限制，他在论文里有几个问题解决得并不令他满意。这件事在季羡林先生的心里耿耿于怀了40多年，一直到1989年，他得到了一篇新材料，又写了一篇《再谈“浮屠”与“佛”》，才解决了那些悬而未决的问题。

对于季羡林先生而言，值得欣喜的是，40多年前的大胆假设居然得到了证实，由此可见他在学问研究方面超级敏锐的洞察力。可是即便如此，季羡林在日后的研究学习里依旧没有放弃小心求证的态度。在他看来，一个问题只要没有被解决，哪怕是用一辈子的时间去探索也是值得的，因为在学术的世界里容不得半点虚假。

抓住一个问题终身不放，这不仅是一个学术爱好者在学术研究方面应该有的态度，在日常的生活与学习中，每个人都应该抱着这样的态度去学习、去思索，对待学术问题不要敷衍，要像季羡林先生那样，敢用一生去研究。

·4·

所谓“天才”，是治学路上的绊脚石

专就人类而论，什么叫作“天才”呢？某某数学家，在玄秘深奥的数字和数学符号的大海里游泳，如鱼得水，圆融无碍。但是，一遇到现实生活中的问题，他的智商还比不了一个小学生。因此，我得出一个结论：天才即偏才。

——季羡林

福楼拜说：“天才并不值得赞赏，他只是一种精神病而已。”智慧大师季羡林也曾说：“所谓天才，只不过是治学路上的绊脚石。”如此看来，所谓天才也并非一种荣耀光环，若是徒有天才之名却不知努力进取，让自身的优势成为成功路上的拖累，那就得不偿失了。

天才不是永远的

所谓的天才只不过是比常人多了一点天赋，多了一点努力，多了一点耐力，正是这么多的“多一点”加在一起才成就了天才。

南朝有一个闻名一时的才子，名叫江淹，他从小与母亲相依为命，虽然家境贫寒但是从来不放弃刻苦努力，在青年时期便可以写出名动天下的精美文章。萧衍建立梁朝之后，拜江淹为光禄大夫，后来又封他为醴陵侯，并且给他赐了封地。而江淹自从当了大官之后便不愿再动笔写文章了，时间一长，他的才思锐减，再也不复往日的才华，即使勉强写出了一点东西，读起来却异常乏味。长此以往，人们只能惋惜地叹息一句：“江郎才尽。”

从这个故事我们不难发现，天才从来都不是永远的，如果不努力，不积累，不学习，再好的天赋也只会被徒然浪费，天才也变成了庸才。真正聪明的人从来都不会迷信于天才的光环，大都会不断地努力学习，让天才成为天定的人才。

成功并非一蹴而就

世界上没有绝对的天才，通过努力取得的成绩才是最有说服力的证据，如果只是固步自封地迷信天才之说将很难取得成功。

玛丽亚出生在一个知识分子家庭，从小就爱好科学，在巴黎求学的4年里，她克服了常人难以想象的困难。凭着对科学知识无止境的追求，他完全忘记了物质上的困窘和生活中的困难，为实现自己的抱负，她对自己提出了很高的要求，不断鞭策自己在科学研究的道路上奋勇向前。凭着这种坚忍不拔、永远进取的精神，她终于在科学领域里崭露头角，并最终成为一颗耀眼的明星。

柯南道尔笔下的福尔摩斯对案件的破解能力，总叫人叹为观止，可是福尔摩斯却绝非一个天才，他对案件敏锐的判断能力来自于他善于观察的双眼和善于思考的大脑。面对一些容易让常人熟视无睹、不以为然的线索，福尔摩斯能够加以分析推敲，即使是再小的线索也能变得有价值。福尔摩斯不断地学习、不断地实践、不断地钻研，使自己有了惊人的侦探能力。他的这种破案能力并非与生俱来的，而是通过后天的努力学习开发出来的，而现实生活中，最缺少的就是福尔摩斯这种勤奋、仔细的人。

人生路上难免会遇到各种各样的事，无论它如何复杂，一定要冷静地面对，沉着地处理，认真分析，问题自然就会迎刃而解。同样，不要总是迷信于天才之说，没有谁是万能的。

成功不是一蹴而就的，不论想取得怎样的成绩，都需要付出极大的努力。只有不断努力，不断学习，不断充实完善自己，培养才能，这样才不会浪费天赋，最终成为有用的人才。

·5·

实话实说，秉持一颗学术良心

课堂上听老师讲课，在公开学术报告中听报告人讲演，平常阅读书刊杂志时读到别人的见解，认为有用或有趣，于是就自己写成文章，不提老师的或者讲演者的以及作者的名字，仿佛他自己就是首创者，用以欺世盗名，这种例子也不是稀见的。还有，有人在谈话中告诉了他一个观点，他也据为己有。这都是没有学术良心或者学术道德的行为。

——季羡林

季羡林先生曾说，做学问的人要讲良心，要实话，该是什么就得是什么。这番话值得每一个人去深思，其实不仅是做学问，做人做事也要这样，不要随意地去歪曲事实。

不要夸大其词

眼下，国人们似乎都很难改掉这样一个毛病——夸大其词。有些人爱慕虚荣，喜欢听好话，因而周围的人就会夸大其词，过分夸张地去夸赞奉承他，认为这样做能投其所好，维持较好的人际关系。但是，夸大其词是一种虚假的表现，反倒会让人感觉缺乏真诚。

在中国古代流传着这样一则寓言故事：有一个相貌十分漂亮而虚荣心又很强的皇后，有一天她突然心血来潮，于是就派人用黄金铸了一把宝剑，然后召集满朝文武宣布说："我只知道我很美，但我还不知道美到什么程度，你们都是经纶满腹、能言善辩的人，谁能把我的美貌形容出来，这把金剑就赏赐给谁。"看着这把十足十的黄金宝剑，再想想如果能得到皇后夸奖那该是多么值得炫耀的一件事，于是满朝文武无不垂涎三尺。短暂的思考过后，那些官员对着皇后开始了滔滔不绝的赞美比赛。有人刚说："皇后的美貌是闭月羞花、沉鱼落雁。"有人就立刻反驳："这样说未免太过于虚浮了，皇后的美貌应是天姿国色、倾国倾城。"大家吵吵嚷嚷，讨论也越来越激烈，然而皇后依旧在那里不动声色地坐着，显然她对臣子们的夸奖不甚满意。这个时候，一位忠实厚道的老臣站出来讲道："老朽此生见过无数的女人，皇后算是其中最美的一位了。"皇后听后大喜，笑着说："此话最中我意，赏赐金剑。"

群臣对皇后的夸赞之词固然精美，也费尽了一番心思，可是所谓"成也萧何，败也萧何"。臣子们失就失在言语过于华丽之上，过分夸大其词的语言反而会让皇后觉得虚假，可是老臣的一句话却说得很有现实性，他说在他这辈子见过的女人里皇后是最漂亮的一个，这句话听起来就比那些所谓的沉鱼落雁、闭月羞花、美若天仙多了一些现实性。再爱慕虚荣的人也不喜欢过分虚伪的夸赞，所以在为人处事时要少一些夸大其词。同样，做学问也是一样的，一味地夸夸其谈是要不得的。

知之为知之

真正拥有大智慧的人，一定是真实坦诚的人。因为他们知道，再聪明博学的人，知识和能力也是有限的，不可能知晓天下所有的事。因此，知道就是知道，不知道就是不知道，实话实说，绝不假装知道，这样才是为人处世的正确态度，而学术研究更需要这种坦诚的精神。

世界著名物理学家、诺贝尔物理学奖的获得者——美籍华人丁肇中在接受中央电视台《东方之子》采访时，曾对很多问题都表示“不知道”。据说他在为南航的师生做学术报告时，面对同学们提出的问题“三问三不知”，学生们问他：“您觉得人类在太空能找到暗物质和反物质吗？”丁肇中回答道：“不知道。”学生们又问：“您觉得您从事的科学实验有什么经济价值吗？”他答：“不知道。”学生们再问：“那么您能不能谈谈物理学未来20年的发展方向。”丁肇中还是回答：“不知道。”当众人为之诧异时，丁肇中只是淡然地说道：“这些问题确实是我现阶段无法回答的，但是我不知道它的答案却并非代表这个问题永远无解，它的答案需要我们大家共同努力去解开。”

也许，在现实生活中，很多人在说“不知道”的时候往往会被看作孤陋寡闻的人，但是丁肇中先生的“不知道”却体现着一个学者做人的谦逊和一个科学家治学态度的严谨。正如法国著名数学家笛卡尔所言：“知识学得越多，我们越容易发现自己的无知。”知识是无止境的，越是钻研就越能发现问题，从“不知”到“知”是一个不断进步的过程。在学术的世界里，不知道并不是多么难以启齿的一件事，知道就是知道，不知道就是不知道，要尊重学术的严谨性，不以不知为耻。

实事求是

列宁曾经说过这样一句话："做人，要做一个实事求是的科学家，而不应成为一个空想家。"是的，古今中外大凡为人类事业做出贡献的人，都是追求客观真理、实事求是的人。

16世纪时，波兰科学家哥白尼打破"地球中心论"的传统观念，大胆地提出了"太阳中心论"。在当时，天主教会认为地球是宇宙的中心，哥白尼违背了教会的意志，就要受到严厉的处罚。自从哥白尼提出自己的看法，便被教会迫害而长期流落他乡。可是哥白尼依旧坚持自己的见解，不断地去证明，不论遭受多大的打击都依旧坚持自己认定的真理。而文艺复兴时期的思想家布鲁诺也认为太阳才是宇宙的中心，坚持并发展了哥白尼的学说，因此也遭到教会的迫害，长期被死亡笼罩着，然而他依旧不改初心，在学术上坚持"日心说"。最后，宗教势力决定将他送到刑场施以火刑。布鲁诺被钉在高高的十字架上，脚下燃烧着熊熊的烈火，可是他依然不后悔，不向教会低头，抬头仰望着天空，用最大的声音说出自己人生的最后一句话："火并不能将我征服，未来的世界会了解我，知道我的价值。"

教会用一场大火可以烧死一个学者，却烧不去一个学说，教会的压迫可以让一个学者流离失所，却不能让一个学说就此掩埋。真理总有一天会得到证实，在学术面前，不应该迷信权威，应该用实事求是的态度不断地去证实。

不论是说话还是做学问，都要秉求良心。季羡林先生早年的日记里面有许多所谓"不思进取、不积极向上"的言论，出版方在出版时多次联系他，问他是不是要删去这些可能造成不良影响的言论。季羡林先生拒绝了，他说这些本来就是他写的，是他最真实的看法，为什么要删去？删改之后也许会更完美，但却丧失了真实性，是他的良心所不允许的。

· 6 ·

用历史的眼光看待问题

每当黎明时分，我伏案工作的时候，偶一抬头，瞥见那一条陈列在书架上的科钦市长赠送的象牙乌木龙舟，我的心就不由地飞了出去，飞过了千山万水，飞向那遥远西天下的水城科钦。

——季羡林

历史是过往事件的总和，用历史的眼光看待问题则是历史性地看待事物与事件，总结性地看待过去以及预见性地看待未来。季羡林先生说，看待问题时要用历史的眼光去看，也就是说要设身处地地去看待问题。

站在历史的角度讨论问题

所谓站在历史的角度，即是说要以史论史，而是不以时论史。

世人想起秦始皇，最多的评价是暴政、暴君。可是如果站在历史的角度去分析，秦始皇固然有过，但也有功，今天世人对他的评价只不过是源于功过之间不同的取舍罢了。用历史的眼光去看待秦始皇，你会发现他曾做出了很多造福后世且值得褒奖的事情：他消灭六国，使国家得到了统一；他统一了度量衡，统一了文字，为国家的长治久安打下了坚实的基础；他广修道路，让全国交通四通八达；他派遣赵佗开发南部，完成了我国南部第一步的开发；他派遣蒙恬在河套击败匈奴，使匈奴在十年内不敢南下；他首创皇帝，打造玉玺，开始了中央集权封建王朝的统治等等。如此功劳难道不值得后世颂扬？可是纵使如此，依旧不能忽视他的暴政、他的过失：他焚书坑儒，让中国文化书籍更退一步，百家勃勃向上的精神从此泯灭；他征敛无度，赋税奇重，为了军队的开销、自己的奢侈生活不惜对百姓施以重税，导致民不聊生；他制定严刑峻法，使得民怨沸腾。

每一个历史事件都有弊有利，无数的历史事件汇集在一起，构成了一幅丰富多彩的历史长卷，共同推动人类社会的发展。以历史的眼光看问题，能避免片面，更加理性客观，可以对今日和未来产生正确的认识和预见。

观史明志，全面解析

唐太宗李世民曾经说过："以史为镜，可以知兴替。"而所谓的以史为镜，便指的是用历史的眼光看待问题，站在历史的角度分析问题。

季羡林先生在自己的文章中曾经提到："应该让中国人民从上到下都能真正了解自己，了解历史，了解世界大势，真正了解我们民族的过去和现在，看待一切问题，都要有历史眼光。中国人民在世界人民心目中的地位，并不总是像解放前一百来年那个样子的。"几千年来，中国封建王朝经历了无数盛衰，有的统治者视野开阔，海纳百川，因而国力强盛，使国家成为举世瞩目的泱泱大国。而有的统治者思想保守，以天朝上国自居，固步自封，看不到别人的优势，也看不到自己的弱点，只是盲目地自大，等列强入侵，他们又一味地做低伏小，全然一副奴才的姿态。最后季羡林先生又提出，今天的年轻人，看待自己要有全面观点、历史观点、辩证观点，盲目自大、妄自菲薄都是不应当的。今天讲改革开放，是完全正确的，但是我们对西方的东西应该有鉴别能力，应该分清玉石与土块、鲜花与莠草，不能一时冲动，大喊“全盘西化”，认为西方什么东西都是好的。西方的好东西，我们必须学习。但是，一切闪光的东西不都是金子。

如今战争已经过去百年，可是这段历史并没有就此消亡，今天的人更应该做到季羡林先生所说的，用历史的眼光看待问题，以史为镜，观史明志。

以人为镜，纠察于微

镜子的作用就是映照个人的容颜，让人看出自己是否衣冠整齐，是否仪态端正。然而以镜为镜，不一定会真实，就像《白雪公主》中所描述的，王后每天照魔镜，虽然魔镜诚实地说出了最美丽的人是白雪公主，但仍映照不出王后阴暗丑陋的心灵。如果以人为镜，其情形就大不一样了。

戴逵是东晋时期著名的雕刻家。他能够不断地取得巨大成就的诀窍，就在于他除了聪明勤奋之外，还很善于听取别人的意见，特别是虚心听取反面的意见。有一次，戴逵为了做出一尊完美的佛像可谓费尽了心思，他为了听取别人的意见，每天躲到佛像后面的帷幕里，悄悄地去偷听众人的议论，并且把这些议论都一一记在心里，等到回家之后，再对这些意见进行整理分析，决定哪些地方该改，哪些地方不该改。就这样，戴逵边听边改，在揣摩了三年多之后，终于雕成了一尊非常完美的大佛像。

古往今来，以人为镜者往往取得成功，自高自大者往往走向失败，以人为镜，不仅可以明得失，还可以知方法、得技巧、谙规律、补短缺。以人为镜所强调的正是用历史的眼光看待问题，这样每个人心里都有一面镜子，思古及今，便知道自己应该怎么做。

·7·
做学问要抓住灵感

灵感这东西不能说没有，但是，它不是从天上掉下来的，而是勤奋出灵感。

——季羡林

著名作家茅盾先生曾说，灵感是文学创作过程的第一步，也是最重要的一步，决不可跳过，如果跳过这一步，在文学创作上便不可避免地会产生空洞、干燥、没有血肉的概念化的作品。季羡林先生也说："做学问，要抓住灵感，没有灵感的学问是没有灵魂的。"由此不难看出灵感对于学术研究的重要性。

观察引发灵感

柴可夫斯基说："灵感全然不是漂亮地挥着手，而是如健牛般竭尽全力工作的心理状态。"正如季羡林先生所说，灵感不是看不见摸不着的空中阁楼，它是有实物依托的存在。在生活中，很多灵感不是凭空幻想捏造而来的，而是通过认真观察推敲思考而来的。

300多年前的一天，伽利略去比萨大教堂做礼拜。正在他刚进入教堂的时候，悬挂在半空的一盏吊灯被门洞里吹过来的风刮得来回摆动起来。

伽利略被随风摇摆的吊灯吸引住了，在接下来的时间里，他把所有的注意力都放在了这个吊灯上。他通过观察发现，明明是随风而动的吊灯，可是它每次摆动的时间却是相同的。伽利略对此感到十分奇怪，为了确定吊灯每次摆动的时间是否都是相同的，当时正在学医的他灵机一动，想到了用自己的脉搏来测试间隔时间的方法。就这样，他一边数着脉搏跳动的次数一边去观察吊灯的摆动，最后果然证实了他的猜想：吊灯每次摆动的时间都是一样的。接着他又想："如果吊灯的大小不一样，那么它摆动的时间会有什么不同吗？挂吊灯的绳子的长短要是不一样的话又会怎么样呢？"伽利略怀着满心的疑问，一边思索着，一边迫不及待地回家做起了实验。

仔细的观察和突如其来的灵感最终使伽利略在物理学上占据了很重要的地位。伽利略通过实验发现，物体摆动的快慢与其自身的重量无关，但是与控制它的线绳的长度有关，当线长时物体摆动慢，当线短时物体摆动快。后来人们根据伽利略的发现，制成了摇摆时钟。由此可见，灵感并不是凭空想象来的，它具有一定的现实依托，而一旦抓住这个微小的现实特征，就此产生灵感，不断地研究发现，终将会有所成就。

思考成就灵感

灵感如同开启未知世界大门的钥匙，可并不是抓住了这把钥匙就能打开通往成功的大门，要思考这把钥匙属于哪一扇大门，这扇大门开启之后又该如何通往成功。灵感要靠思考去成就，没有思考的灵感犹如开不出花朵的枝桠，始终缺少一份绚丽的色彩。

达芬奇是一个很有艺术追求的人，他对自然界的各种东西都充满着兴趣，喜欢通过不断的观察与思考，让这些自然界的现象带给他创作、发明的灵感。比如，他通过对大自然中的光与影以及动植物形态的观察，加之对人体解剖学和其他学科的分析等等，从中汲取有用的灵感，把这些都应用于他的美术作品中，创造出闻名遐迩的名作。用当时某位画家的话说，达芬奇通过自己的研究观察，在美术方面因灵感的创新和发展而完成的作品甚至是高于美术本身的。而达芬奇不仅将自己的灵感应用在艺术方面，他喜欢观察与思考的习惯也为其在天文、地理、军事、建筑等方面创造了无限的灵感，使他在很多领域都取得了令人惊叹的成绩。

如果不是因为比别人思考的多一点，达芬奇又怎么会画出《最后的晚餐》《蒙娜丽莎》等流传于世的名画呢？如果不是因为细致入微的观察和思考所带来的灵感，他又怎能发明出自驱式汽车、旋转浮桥、有翼滑翔机、三管大炮、螺旋桨、水下呼吸器等一系列造福人类的伟大发明呢？如果不是对自己生活环境的入微观察带来的灵感，如果没有仔细思考过自己理想中的生活环境，他又怎么能完成闻名于建筑界的理想城呢？所以，无论面对什么，都要多思考一番，多问几个为什么，也许下一个奇迹就在不远处等着你。

抓住瞬时的灵感

杂交水稻之父袁隆平先生曾说："灵感是知识、经验、追求、思索与智慧综合在一起而升华了的产物。"由此可见，一个灵感的出现伴随着多种思维条件，所以在灵感出现时一定要抓住它，不要平白浪费掉这个多种思维作用下的产物。

有一天，牛顿正坐在姐姐的果园里思考，突然一个苹果砸在了他的额头上。牛顿捂着额头站了起来，看着那只落在地上的苹果，突然又想起了自己的那些疑问，于是捂着额头在果园里观察起来。"咚"的一声，一只苹果落到草地上，过了不久又"咚"的一声响，第二只苹果从外伸的树枝上落下，在地上反弹了一下，然后静静地躺在了草地上。苹果落地虽然没有给牛顿之前的思考提供答案，但却激发了他的思考，他的脑海里盘旋着一个大胆的问题：苹果会落到地上，月亮却不会掉到地球上来，那么苹果和月亮之间存在什么不同呢？第二天他依旧思考着脑海里那个未解之谜，这时他突然看见小外甥正在玩小球，只见他手上拴着一条皮筋，皮筋的另一端系着小球，他先慢慢地摇摆小球，然后越来越快，等达到一定的速度时小球就会被径直抛出。牛顿突然意识到月球和小球的运动极为相像，他通过不断的实验揣摩，终于发现了苹果之所以会落地而月亮却不会落地的原因。很快他便提出了重力不仅仅是行星和恒星之间的作用力，有可能是普遍存在的吸引力。所谓的苹果落地、雨滴降落和行星沿着轨道围绕太阳运行都是重力作用的结果。

苹果在砸到牛顿的脑袋之前就已经落地过很多次了，可是却没能引发任何人的思考，而牛顿则被苹果砸到后产生了灵感，并由此产生了疑问，而且他没有把疑问放下，而是选择思考，在看到小外甥玩游戏时适时地抓住了瞬时灵感，最终得出来一个震撼科学界的结论。

所以说，做学问一定要抓住灵感，也许就是你身边一点微不足道的小事，抓住它，仔细思考一番，多问几个为什么，没准你会有了不得的发现。

·8·

学习之道在于勤

囊萤、映雪、悬梁、刺股等故事流传了千百年，家喻户晓。韩文公的“焚膏油以继晷，恒兀兀以穷年”，更为读书人所向往。如果不勤奋，则天资再高也毫无用处。

——季羡林

季羡林先生在谈到做学问时曾经提到，一个人天赋不高，头脑笨拙并不可怕，可怕的是懒惰和荒废。因为笨拙的人可以通过勤奋努力去弥补，学东西的时候比别人多花一些时间，多费一些功夫，一遍不行再学一遍，总归是能学会的。可是如果懒惰成性，整日荒废时光，头脑再怎样聪明，也不可能获得大成就。因为知识不会平白无故地钻进脑袋里，财富不会白白地从天上掉下来。

勤奋努力可补拙

人的天赋才能和聪明程度不同，所取得的成就也不同。但是，并非所有聪明人都能成功，而且在古往今来的成功事例中，我们也能看到许多天赋不高的“笨拙人”。季羡林先生认为，不要以天赋衡量一个人的成就，后天的努力也是至关重要的。

曾国藩可谓中国历史上最有影响力的历史人物之一，然而他小时候天赋并不是很高，甚至可以说资质平平，可是他却异常坚韧，从不轻易放弃。就这样，他通过坚持不懈的努力，最终取得了令人赞叹的成就。相传有一天曾国藩在家读书的时候，因为有一篇文章实在拗口，他重复了不知道多少遍，却还是只能照着书本朗读。而此时，他家正好来了一个贼，而且已经在他的屋檐下潜伏了很长一段时间了。这个贼本来想等曾国藩睡觉之后在他们家捞点什么好处，可是左等右等，就是不见曾国藩去睡觉，而且翻来复去地只读那一篇文章，一副背不出来就彻夜不眠的架势。贼人耐着性子等了很久，终于忍不住了，从屋檐下跳了出来指着曾国藩说："就你这种水平还读什么书？"随即炫耀似的把那文章流利地背诵了一遍，然后轻蔑地扫了曾国藩一眼便扬长而去。

贼人是很聪明，至少从故事中看，他比曾国藩聪明得多。但是，曾国藩最后成为中国历史上的名臣之一，是因为他懂得"勤能补拙"的道理，聪明人不一定都是成功的，成功的人也不一定都是聪明的，但成功的人一定是勤奋的。正因为如此，天资不高的曾国藩最终能成功，而那个聪明的贼人或许终其一生都是贼人。

"勤奋努力可补拙"道理其实很简单，重要的是付诸行动，去努力坚持。一个人的付出和收获往往是相对应的，巨大成功和辛勤劳动也是成正比的，有一份劳动就有一份收获，知识可以日积月累，可以从少到多，奇迹也可以通过勤奋创造出来。

持续努力，不半途而废

笨并不可怕，可怕的是不勤奋、不坚持，做什么事都半途而废，就永远无法成功。聪明和天赋也并不值得人羡慕，只有守得住这份天赋，坚持到底，永远勤奋下去，这样的人才值得学习。

东汉时期，有一个叫乐羊子的书生，他自小才资平平，大家都说他很难再有大的作为。然而他娶了一个贤德的妻子，命运也就此发生了改变。相传他的妻子对他说："你虽然资质平平，可是却不痴不傻，既然你比不上天赋异禀的人，那就要学会坚持，比别人多一些努力，不半途而废，终究有一天会取得成功。"乐羊子听后觉得很有道理，于是他就外出求学去了。可是过了一年之后，他因为思念妻子回到了家里，他的妻子非常生气，将他带到织布机前，一剪刀剪断了已经织好的布匹，然后说："布是一点点织出来的，积寸成尺，积尺成丈，今天我把它从中间剪断了，那便前功尽弃了，求学也和织布一样，千万不能半途而废。"乐羊子听后深受触动，于是安心求学，七年未归，最终成为一代大家。

无论做任何事情，可怕的不是笨，而是不思进取、不坚持努力，乐羊子以平平之资质尚且能够取得成就，更何况是天资聪颖的人呢？反言之，一个人就算再怎么有天赋，如果不勤奋努力，做事半途而废，那么终有一日也会沦为庸才。

业精于勤

古人曾云："业精于勤荒于嬉。"这句话便是说学习之道在于勤，勤能补拙，多努力一些，总归能够有所成就。

隋朝李密立志做一个有学问的人，哪怕是出门会友，他也会把《汉书》挂在牛角上，在路上抓紧时间读书。董仲舒专心读书，孜孜不倦，虽然在他的书房后有一个景致怡人的花园，可是他依旧能够专心致志地读书学习，一连三年都未曾进园观赏过风景。西汉匡衡，小时候家境贫寒，为了读书他凿壁偷光，终于学有所成。这些人的成就自然与其努力学习密不可分，故而业精于勤的道理并不假。可是隋炀帝杨广，虽然早年当太子时勤勉，但即位后却穷奢极欲，不理朝政，最终不仅招致杀身之祸，也使隋朝在短短两代之后灭亡。唐玄宗宠爱杨贵妃，沉湎于美色与歌舞之间，荒废朝政，最终引发安史之乱。后唐庄宗李存勖早年勇武多谋，征战河北东西，平定中原南北，但是一朝取胜便忘了昔日栉风沐雨的艰苦生活，认为该享乐了，宠信伶人、奢侈荒淫，仅三年便丢了自己辛苦打下的江山。

“学习之道在于勤。”季羡林先生如是说，而他确实也是这样做的。他每天四点多便起来读书、学习，哪怕缠绵病榻之时也未曾放弃学习，正是凭借这份勤勉，他才能有所成就。

·9·
坚持不懈，老有所为

学术问题，有时候一时难以下结论，必须锲而不舍，终生以之，才可能得到越来越精确可靠的结论。

——季羡林

古人有云：“精诚所至，金石为开。”其中所强调的便是坚持不懈，坚持努力。恰如季羡林先生所言，人生的道路中不免会遇到许多困难和挫折，但是不用害怕、不用气馁，只要勇敢、坚强地面对困难和现实，坚持不懈地努力拼搏，成功就会变得很简单。

活到老，学到老

季羡林先生曾说：“坚持不懈，老有所成。”由此可见，无止境地学习是每一个智者所必需的条件。一个人如果想要不断地进步，就得不断地学习，活到老，学到老，在学习上不能有厌足之心，坚持不懈，以持之以恒的心态努力下去，终究会有所成就。

徐特立先生认为读书固然贵在理解，但是也需要多加记忆。而要想理解得好，就必须多记忆一些最基本的东西，可惜人一旦上了年纪，记忆力就会衰退，有时候今天看的书，明天就忘了。但徐特立老先生并未因此而放弃读书，他把书中重要的地方或者精当的语句，都用大字摘录出来，一张张地贴在壁上，每天就寝前都要面壁朗读或者默念，等到第二天早上起床后，又是这样一番朗读、默念，直到能够流利背诵为止。徐特立老先生就是用这样的方法坚持不懈地努力学习，直到九十岁高龄也依旧保持坚持读书、背书的好习惯，可谓是活到老、学到老的典范。

也许坚持一天并不难，坚持一个月也不难，但是要坚持一辈子就需要坚持不懈的毅力。

成功需要坚持

如果把成功比作山顶上的高塔，要想到达塔顶就需要不断地攀登，一步一步走，从山脚到山顶，途中不能退缩，否则就会前功尽弃。不论遇见多大的危险，不论道路多么艰难，坚持都是通往高塔的唯一途径，一步一步走，坚持下去，最终都会有机会站在高塔里看风景。

英国著名的小说家约翰?克里西从年轻时就开始致力于文学创作，可是他既没有大学文凭，也没有得力的后台，所以始终不能取得大的成就。一开始，他向英国所有的出版社和文学刊物都投寄了稿子，可是最终得到的却是743张退稿条。尽管如此，他仍然坚持不懈地进行文学创作，从来都不会在意周围人的嘲笑或者讥讽，不论失败多少次，他依旧坚持写作，并时常告诉自己的朋友：“我正承受着人们难以相信的大量失败的考验，如果我就此罢休，所有的退稿条都将变得没有任何意义。但我一旦获得成功，每一张退稿条的价值都将重新计算。”后来，通过无数的积累与灵感的触发，他潜在的创作才能一下子被激发了出来，如大江奔涌一般，不可遏止，直到75岁逝世时，他共写了564本书，总计4000多万字。

如此可见，成功从来不是一件轻而易举的事情，要想获得成功，就必须做一个不畏不馁的长跑者，要坚定自我，不断奋斗，千万不能半途而废。

坚持不懈，老有所成

众所周知，季羡林先生在学术研究上是个典型的坚持不懈之人，对于一个耄耋之年的老人来说，那将近一个世纪的生命历练给他带来的是怎样的冥思？如果非要对这个问题刨根问底，那么季羡林先生只不过是用自己的心态向世人诠释了何为坚持不懈，老有所成。

提起齐白石先生，人们不由得会想起这样一句话：“生命不息，笔耕不辍。”由此可见，“勤奋”是对齐白石先生一辈子艺术生活特点的总结，也是属于他的人生标签。齐白石先生对艺术的追求可谓孜孜不倦，在70多年的绘画生涯中，他差不多每天都要作画。从27岁开始，齐白石先生除去中间因为两次生病、一次父母之丧搁过笔，哪怕到了晚年，他也没有睡过一天的懒觉，每天照例早起，并且坚持在吃过早饭后画上几幅。

成功者选择勤奋，失败者选择懒惰。而生命的意义在于坚持勤奋，这是高尚者的座右铭。对于齐白石先生来说，只要生命不息，那么他就不会停止绘画，因为坚持不懈终究会有所成就。

俗语说："一口气吃不出个胖子。"季羡林先生说："坚持不懈，老有所成。"两句不同的话，所要说的道理却大同小异，不论做什么事，都有一个坚持的过程，没有谁能跳过过程直接得到成绩。成功之路不易，也唯有坚持不懈地走，脚踏实地地走，才能取得成功。

·10·

广通声气，博采众长

治学是苦中作乐的差事。脑海里思考问题，不要单一，同时多思考几个，而且要念念不忘，永远不要让自己的脑袋停摆，永远在思索着什么。这样一来，搜集面就会大得多，漏网之鱼也就少得多。材料当然也就积累得多，养兵千日，用兵一时，一旦用起来，你就左右逢源了。

——季羡林

季羡林先生在谈及治学态度时，曾经用"广通声气，博采众长"这8个字对其进行了高度的概括，强调要广泛地搜集采纳，从多个方面去学习别人的长处。也就是说，为学者要多学百家之长。

尺有所短，寸有所长

众所周知，没有一个人可以做到十全十美，也没有一个人会全然一无是处。每个人都有优点和缺点，再优秀的人也不可能面面俱到，再平庸的人也有用武之地。而一个人该学会的就是避尺之所短，学寸之所长，博采众长，集思广益，多吸收学习别人的优点和长处。

在同一片海域上有一只大轮船和一只小轮船，大轮船马力足可以载很多人，小轮船马力小，所以载的人少。有一天，大轮船在行驶的时候遇见了小轮船，便一边继续行驶，一边取笑小轮船："哈哈哈，你看你载的人那么少。"小轮船听后并没有争辩，只是默默地看了大船一眼，依旧沉默不语。有一天，海上起了大浪，大轮船因为体积大，无法躲开海浪，不停地摇动起来；而小轮船却因为体积小，敏捷地躲开了海浪，快速地离开了这片地方。大轮船一直被海浪击打着，好不容易用自己全部的马力追上了小轮船，然后毫不相让地从小轮船身边冲了过去，而且泼了小轮船一身的海水，并且又一次地嘲笑小轮船："你个子那么小，速度也比我慢那么多，你就别想再超越我了。"等大轮船趾高气昂到了岸边时，潮水却已经开始往下退了，很快大轮船就因体型大、体积重而无法上岸，这个时候小轮船不紧不慢地追了上来，凭借小巧的体型和海水的浮力很轻松地靠岸了。

大轮船和小轮船在海上行驶的过程中各有所长，而对于每个人来说也是一样的，各人有各人的长处，用自己的长处去嘲笑别人的短处是不对的，正确的方法应该是学习他人的长处，规避自己的短处，扬长避短，取长补短，博采众长。

山外有山，人外有人

中国有句古话是这样说的："山外青山楼外楼，还有好手在后头。"即是说，山外有山，人外有人，做人切不可自大自满，要有虚心学习的心态，要能看清自己所处的位置。

牛顿被人们称颂为"力学之父"：在物理学方面，他发现了万有引力定律；在热学方面，他确定了冷却定律；在数学上，他提出了“流数法”，建立了二项定理，和莱布尼兹几乎同时创立了微积分学，开辟了数学上的一个新纪元。作为一位有多方面成就的伟大科学家，他依然保持着非常谦逊的姿态。对于自己的成功，他非常谦虚地说：“如果我见的比笛卡尔要远一点，那是因为我站在巨人的肩上的缘故。”他还对别人说：“我只像一个海滨玩耍的小孩子，有时很高兴地拾着一颗光滑美丽的石子儿，真理的大海还是没有发现。”

牛顿清楚地知道，科学的探索没有止境，他并不因自己暂有的成绩而骄傲自满，能认清自己的位置。相信，同样的，他也一定可以看得到别人的闪光点，并且虚心地去学习，博采众长。

三人行必有我师

孔子门下有弟子三千，可他依旧谦虚好学，曾说：“三人行则必有我师焉，择其善者而从之，其不善者而改之。”其中的意思是说，几个人走在一起，那么其中一个肯定有比我们强的地方，我们应该虚心学习他们的长处，以此弥补自身的不足，同时也要看清别人的短处，然后警戒自己不要犯同样的错误。

京剧大师梅兰芳先生不仅在京剧艺术上有很深的造诣，而且还是一位丹青妙手。虽然他的作品已经得到了大家的认可，可是他依旧拜著名画家齐白石先生为师，虚心求教。梅兰芳先生在齐白石老人面前一直恭敬有加，执弟子之礼，并且经常为齐白石老人磨墨铺纸，全然不因自己是位名演员而自傲。有一次齐白石和梅兰芳同到一家人家作客，齐白石先到，可是他布衣布鞋，在其他西装革履与长袍马褂之间显得有些寒酸，于是便没有人搭理这个看起来很清贫的老人。梅兰芳到了之后，主人高兴地迎了上去，其余宾客也都蜂拥而上，一一同他握手。梅兰芳知道齐白石也来赴宴，便四下环顾，寻找老师。当他看到被冷落在一旁的齐白石老人之后，立刻挤出人群，先向老师见礼问候，再与其他人一一打招呼。梅兰芳不仅拜画家为师，也拜普通人为师。有一次演出京剧《杀惜》时，在众多喝彩叫好声中，他听到有个老年观众说“不好”。梅兰芳来不及卸装更衣就用专车把这位老人接到家中，恭恭敬敬地询问老人自己所唱的哪里不好，并真诚地称老人为老师，请求老师赐教。老人三言两语便指出了梅兰芳唱词中的问题所在，梅兰芳听后恍然大悟，连声称谢。从此以后梅兰芳便以师礼对待这位老人，经常请这位老先生观看他演戏，请他指正。

博采众长其实不仅仅是一种求学治学的态度，而且也是为人处事应该学习的态度，在生活中，不论你的地位有多高，都要放低姿态，虚心学习，毕竟金无足赤，人无完人。

NO.5

不安于小成，然后足以成大器

——季羡林谈成功哲学

明朝大儒方孝孺说“不安于小成，然后足以成大器”。成功源于“不知足”，不能安于小成就，要有所追求，不断地为自己设立目标，然后通过努力去追逐成功。本章将从成功的三个境界展开论述，通过对天资、机遇以及一些能够促进成功的因素的分析，并结合季羡林先生对成功的定义来讲述成功哲学。

· 1 ·

当机立断，不必瞻前顾后

我当时未始不在被振发之列，又同我那虚无缥缈的出国梦联系起来，我就当机立断，选了西洋文学系。

——季羡林

古人有言：“欲成大事者，必敏行讷言，当机立断。”这句话即是说，想要成就大事的人要多做事少说话，要当机立断地去处理事情，拖拖拉拉反而可能误了正事。当断不断，反受其乱，季羡林先生也曾说过，一个人做事的时候要多一些果敢，少一些迟疑，考虑好了就去做，不要缩手缩脚，怕前怕后。

当机立断是一种勇气

智慧大师季羡林先生说：“古往今来，凡能成大事者，必会当机立断。”机遇对每个人而言都是对等的，只有努力向上的人，才有可能得到机遇的眷顾，而只有敢于当机立断抓住机遇的人才能取得成功，如若机遇到来时不能当机立断，畏手畏脚，那么便会错失良机，最终很难取得成功。

司马迁是西汉武帝时期的史官，他正义不屈，直言武帝的功过，最终因不能顺应武帝的心意去评述某一件事情而惹怒了武帝，可是他依旧直言不讳，最终武帝在盛怒之下对他实施了宫刑。在古代，宫刑是大辱，“污及先人，见笑亲友”。如果司马迁在遭受宫刑后郁郁寡欢，那么怎么会有流芳百世的《史记》？也更无鲁迅所谓的千古评价：“史家之绝唱，无韵之离骚！”

司马迁面对武帝的君威，依旧坚持自己的立场主张，遭遇宫刑之后当机立断，不因此而消沉，用勇气与意志力做支撑，最终完成了绝世巨著。所以说，当机立断是一种勇气，能在面对困难时给人鼓舞与力量，更能指导人们从容不迫地做出正确的选择。

当机立断是一种智慧

如果一个人在面对问题时能够很快地做出选择，那么机遇的精灵就会时常围绕在他的周围，幸运之神也会时常眷顾他。

美国钢铁大王卡内基在年轻的时候曾经担任过铁路电报员，有一次轮到他值班时，他突然收到一份加急电报说附近有一列货车脱轨，需要各班列车改变轨道。卡内基打了好几个电话也找不到一个有资格下命令的上司，万不得已之下，他只能自己冒充上司，以其名义下达命令给司机，调度他们改换了车道。按照当时铁路公司的规定，电报员冒用上司的名义发报会被革职，于是卡内基在次日上班时就把辞呈放到了上司的桌上，上司了解到事实情况之后就把他的辞呈撕了，并且告诉他：“这世上只有两种人值得开除，一种是不肯听命行事的人，一种是只听命行事的人，而你不是其中的任何一种。”

卡内基是智慧的，他没有墨守成规地去等待上级下达命令，而是当机立断，及时地做出决断，避免了一场灾难，所以才能赢得上司的认可。恰如军事指挥学上有一个观点：在战斗期间发生突发事件无法找到最佳处理手段时，即使做错了也比什么都不做要好。所以，当机立断是一种智慧。

当机立断才可以抓住机遇

是否拥有当机立断的处事作风是衡量一个人能力的标杆，这样说毫不夸张。因为只有当机立断，及时下决定的人才抓得住机遇，而一味地害怕风险，一味地迟疑只能导致机遇错失。

6岁那年的一天，王安走在树下，突然有个鸟巢掉在了他的头上，从里面滚出来一只小麻雀。王安很喜欢它，于是就连同鸟巢一起带回了家。可是当走到门口时，他忽然想起妈妈不允许他在家里养小动物。他只好把小麻雀先放到门后，然后自己进屋去请求妈妈的允许。在他的哀求下，妈妈破例答应了他养小麻雀。可是当他兴奋地跑出门后，才发现小麻雀已经被一只大猫抓走了。

所以说，只要自己认为对的事情，就不要优柔寡断，要马上付诸行动。如果王安当时能够坚定自己养麻雀的心，带着小麻雀去找妈妈商量，也许事情就是另外一种结局了。在生活中不能自己做决定的人，就没有做错事的机会，但也就失去了成功的可能。当机立断是一种信念，是促使人走向成功的信念。

做事情千万不要拖拖拉拉，要做就马上做，用勇气坚定信念，做出智慧的选择。季羡林先生说得对，做事的时候要多一些果敢，少一些迟疑，考虑好了就去做，不要缩手缩脚，也不要怕前怕后，当机立断的人才能成功。

·2·

人生的成功在于把握机遇

“机遇”（在一般人嘴里可能叫作“命运”）是无法否认的。一个人一辈子做事，读书，不管是干什么，其中都有“机遇”的成分。

——季羡林

机遇对于一个人的成功究竟能起到多大的作用？季羡林先生曾在自己的一篇文章中谈及过自己的成功学，即“季氏成功学”。在他看来，这世界上所有的成功者，都离不开天资、勤奋、机遇这三个因素的存在，缺一不可。

天资的展现即是机遇

什么是机遇？机遇是获得成功的重要因素，它从来都不会平白出现，它属于有准备的人，那么需要什么样的准备才能赢得机遇呢？就是要不停地积累经验和才能，不断地提升自己，随时做好“一飞冲天”的准备，这样才有可能遇见“一飞冲天”的机遇。不过不可否认的是，一个人所遇到的机遇与他的天资是分不开的。

季羡林先生以国学大师和学界泰斗而著名，甚至被人以“国宝”相称。他精通12种语言，在梵学、佛学、吐火罗文研究，以及中国文学、比较文学、文艺理论研究等领域都有着特殊的成就。能够取得这么辉煌的成就，可以肯定季羡林先生的天资是很高的。而这辉煌的一切，与季老先生一生中的机遇也是密不可分的。谈到机遇，季羡林先生解释说，机遇往往容易为人所忽视，“它其实是存在的，而且有时候影响极大。就以我自己为例，如果清华不派我到德国去留学，则我的一生完全不会像现在这个样子”。

人的天赋和智商不是生来就平等的。季老先生当年求学的时候有很多选择东方学这门学科的学生，同样的勤奋刻苦，努力钻研，但是却始终抓不到要领。如此看来，机遇对于一个人而言是何其重要。

把握机遇，迎接挑战

季羡林先生在另一篇叫作《勤奋、天才（才能）与机遇》的文章中曾经反复且多次强调过“季氏成功学”中机遇的作用。以英国诗人Thomas Gray的诗歌《乡村墓地哀歌》为引用，写道：“在墓地，埋着的可能有莎士比亚。”意思就是说，像莎士比亚那样有天赋的人，常常得到老死穷乡的结局。

季老先生如果不是年轻时寄居在自己的叔叔家，也不可能与上学有缘，不可能进入私塾跟随老师学习；如果不是他在学校接触过英语，也不会在之后踏入德语的世界，继而成为清华大学的中德交换生；如果不是在德国的大学进修印度学，他也不会有机会学习到梵文巴利文、吐火罗文、俄文、南斯拉夫文及阿拉伯文等，也不会有如今的成就，成为学界泰斗，在学术领域有这么大的贡献！

这每一次机遇，又何尝不是一种挑战？机遇不会降临于没有准备的人，但是能否准确地把握住每一次机遇，成功地把机遇变成生命的转折，才是更加至关重要的一步。

把握机遇，走向成功

季老先生有自己的人生境界，他认为人们更愿意倾向于天资和勤奋，而对于机遇的看法则带有一定运气的成分。但事实上即使是拥有了前两者，机遇也不会轻而易举地到来。

机遇对于季老先生整个人生走向起了非常重大的作用。去德国留学，学习吐火罗文，这些都不是一般人拥有了天资和勤奋以后就能够轻易遇到的机遇。有句话说：时势造英雄，在当时那个动荡的年代，仍然能够坚持学习，回国后被引进北大并创建东语系……直到最后在语言和文学范围内完成如此巨大的成就，同样也能说明什么是“时来天地皆同力”。

纵有千里马，但是没有伯乐，它也只能随普通的马一样做疲累的苦工，最后被消磨至死。君子藏器于身，待时而动，可见古今中外的名人先哲都意识到机遇对于一个人的成功有着重要的作用。

季羡林先生讲到王国维的“人生三境界”时曾经说道：“静安先生第一境写的是预期，第二境写的是勤奋，第三境写的是成功，其中没有写天资和机遇。我不敢说，这是他的疏漏，因为写的角度不同。但是，我认为，补上天资与机遇，似更为全面。”拉罗什夫科也说：“仅仅天赋的某些巨大优势并不能造就英雄，还要有运气相伴。”所以说，机遇于一个人而言是十分重要的，在机遇到来的时候，做好天资的积累，保持百分之百清醒的头脑，把握机遇，才能走向成功。

·3·

一步一步走，才走得最快

人生没有捷径，一步一步地走，才走得最快。

——季羡林

季羡林先生说："成功不是一蹴而就的。"的确，成功是靠不断的努力积累而来的，一步登天是不可能的。没有谁能一步从起点走到终点，再优秀的运动员在赛道上的成绩也是一步一步跑出来的。没有孜孜不倦的进取精神，没有百折不挠的坚韧毅力，再好的梦想也难以实现。

奋斗需要坚持

成功很像是挖井喝水，需要坚持奋斗。一个人要想喝到甘甜的井水，就要找准方向，不断努力去挖井。一尺一尺地挖，不论挖到岩石还是沙土，都要继续坚持下去，不能退缩，不能放弃，更不能挖一个深坑，再换一个深坑，那样的话就会前功尽弃，永远也挖不到井水。

阿拉法特是巴勒斯坦人民心中的英雄，17岁时就自告奋勇去沙漠部落购买武器，并且偷运到巴勒斯坦，以便同恐怖势力斗争，维护巴勒斯坦的安全。1948年5月，第一次中东战争爆发，阿拉法特毅然投身于抗击以色列的战争中。在残酷的战争里，他看清了巴勒斯坦人民的悲惨命运，也第一次认识到只有革命才是让巴勒斯坦人民摆脱危难的唯一出路，所以从此之后的十几年里，他一直坚持不懈地为自己保家卫国的理想舍身奋斗。1993年，他和以色列总理拉宾签署了巴勒斯坦自治《原则宣言》，拉开了政治解决巴勒斯坦问题的帷幕。第二年，他结束了27年的流亡生涯，回到加沙。1996年，他当选为巴勒斯坦民族权力机构的主席，从此为巴勒斯坦的民权斗争、安全问题以及政治问题不断努力奋斗，为人民争取最大的利益。

成功从来不是一件轻而易举的事情，如果想要获得成功，如果想要实现自己奋斗的目标，那就需要做一个不畏不馁的长跑者，坚定自我，不断奋斗，千万不能半途而废。

成功需要积累

一步一步走，才走得最快。季羡林先生说得一点儿没错，成功靠的是积累，努力学习的过程也是积累知识、积累经验的过程，成功没有什么难的，难的是坚持下去，脚踏实地，一步一个脚印，不断地努力，不断地攀缘，路走得多了，脚下熟练了，才能走得顺、走得快。经验是积累下来的，用经验熟悉了脚下的路，才能走得更快。

西晋时有一个叫左思的人，他出身寒微，而且自幼反应迟钝，不仅长得丑，还讷于言辞，在琴棋书画上更是没有一点造诣。他父亲无奈地对朋友叹息说："哎，我这孩子呀，他智力不够，就是笨。"左思听到后很不服气，于是发奋学习，以勤补拙，立志做一个让父母骄傲的孩子。他开始着手准备《三都赋》的时候，连吃饭、走路时脑海里想的都是文章。家中的茅厕里也时常放着纸笔，以便于在他琢磨出好句子时，能够随时记下来。当时，在洛阳任职的大才子陆机也准备写《三都赋》，当他听闻左思在准备《三都赋》时所做的努力之后，不屑地讥笑道："就左思这个丑八怪也想写《三都赋》？简直是不知天高地厚，他写的文章只配给我盖酒瓮。”大家听到这样的言谈后都把左思的不自量力当作一时笑谈。左思在听闻别人对自己的看法后丝毫没有动摇自己的决心，一点不自卑，依旧每天努力读书学习，寻找灵感。不仅如此，左思还请求担任掌管国家图书典籍的秘书郎，以便于借机接触到更多的书作，有助于自己的苦学苦读。终于，通过十年的积累努力，左思写成了《三都赋》，一时之间名动天下，大家都呼之为奇才，赞他的文章写得好。左思的《三都赋》引得达官显贵竞相传抄，一时之间竟然使得“洛阳纸贵”。

左思并不是天生的大家，从一个让父亲摇头叹息的孩子成长为名动天下的大才子，他靠的不是偶然的机遇，也不是天生的天赋，而是十年如一日的积累和坚持。

一步一步走

人生的路很长，没有人能一步从起点跨到终点。季羡林先生也告诫我们：路要一步一步走，积累经验，不断努力，向成功迈进。

众所周知，霍英东是香港著名的房地产业巨子。可是谁又会知道，霍英东先生光鲜亮丽的今天是由曾经“价值七角钱”的苦力一步一步积累起来的呢？霍英东先生童年时的贫寒家境以及成年后所面对的生活坎坷和煎熬都磨炼了他的毅力，也培养了他自强不息、敢于拼搏、勇于进取的奋斗性格。第二次世界大战时期，日本人扩建机场，霍英东先生去当苦力，每天的报酬是七角钱和半磅配给米。那时候，他一天只吃一碗粥和一块米糕，时常饿得头昏眼花。二战之后，霍英东先生开始投身于运输业。朝鲜战争爆发后，他又开展了属于自己的航运业。他凭借着自己对各行各业的了解，以及勤奋学习得来的文化知识，将生意做得十分兴隆。然而，取得成就之后的霍英东并不满足于已有的成就，又开始向房地产业进军，并且通过敏锐的观察力和坚定的意志力迅速致富，成为超级富豪。

霍英东先生就这样一步一步地从为了吃饱肚子，到逐渐摸索出各行各业的商机与利益，从而取得了傲人的成绩。成功是没有捷径的，只有靠一步步的努力去追求，去达到自己想要达到的目标。梦想虽好，但是没有孜孜不倦的进取精神，没有百折不挠的坚韧毅力，再好的梦想也难以实现。

季羡林先生认为，成功就是一步一步地走，只有这样才不浪费功夫，才能走得最快。因为不论做什么事，都需要经历一个过程，越大的成功，遇到的困难就越多，需要坚持的时间也越久，没有谁能跳过过程，直接从起点到达终点，从起步开始就获得成功。成功之路不易，一步一步的踏实脚印构成了成功的道路，走得越踏实，走得越习惯，速度就越快，才能离成功越来越近。

·4·

一切归零，不提当年勇

要想成功不难，难的是在成功后能放下浮躁，一切归零，不提当年勇。

——季羡林

“好汉不提当年勇”，这道理说起来简单，做起来却不容易，在成功面前，如何才能做到“闲看庭前花开花落，静观天上云卷云舒”？如果一个人能够在攀上人生的高峰后，放下成功的包袱，抛弃曾经的荣耀，不被眼前的成功和胜利冲昏头脑，重新审视自己，冷静分析眼前的一切，继续争取成功，那么迎接他的将是下一次成功。

回到起点

何为“回到起点”？即是在成功之后抛却荣誉，重新去获得新的成功。然而人不是电脑，随随便便地按一下重启键就能够重新开始。而所谓的把成功归零，也并不是把获得的一切都归零，它强调的是一种心态，一种由始至终处于起点状态，不松懈地用尽全力去创造成功的心态。

在文学史上，似乎有一个很奇怪的“诅咒”，那就是得过诺贝尔文学奖的人都很难写出比以前更好的作品。海明威在他的著作《老人与海》中塑造了一个为了生存用尽一切方法，与鲨鱼搏斗三天两夜的老人桑地亚哥，老人最终战胜了鲨鱼得以生还。这个故事引起了很多人对生命的思考，然而塑造出这么一个坚韧硬汉形象的海明威，最后却选择用自杀结束了自己的生命。海明威自杀了，是因为他被名誉束缚，带着太多支持者的期待，反而更加放不下荣誉，无法写出新的作品，无法再超越之前所获得的巨大成功。

如果海明威能够把一切归零，重新开始，那么他未必不能取得更大的成就。或者说，即便无法取得巨大的成就，也可以轻松地享受晚年生活。可是面对成功，面对荣誉，他没能心平气和地放下，因而给自己的心理和精神造成沉重压力，最终不堪重负，走向一条绝路。

对于成功人士来说，重新回到起点是一件非常艰难的事情，头顶的光环照耀得太久，一旦失去了世人的瞩目和显赫的地位，他们心里会产生极大落差，令精神无法承受，无法适应。因此，回到起点不仅需要勇气，更需要智慧，以保持清醒，一切从头开始。

学会归零

面对成功，很难有人守得住内心，很多人因为曾经的成功而轻视以后的挫折，变得自傲起来。如果面对成功时能够学着把成功归零，能够一如既往地保持着起点时的那种不傲、拼搏的心理，那样又何惧获得不了新的成功呢？

李娜曾是中国乃至亚洲在网球四大满贯赛事上第一个获得单打冠军的人，整个中国乃至亚洲都为她喝彩，可是她在享受完法网冠军带来的喜悦后，很快就恢复了往日的清醒和镇定。她说："结束了就是结束了，明天又是一个新的开始。再高兴也就只能到今天为止，明天重新上路继续拼搏。"即使拥有了中国第一人的名誉，获得了成功，她依旧以一颗平常心对待，把成功归零，甚至更加努力地训练着。

李娜做到了，她没有被成功的光环迷住眼睛，清楚地知道自己想要什么。她很清醒地看待成功，单单凭借这份坦然，这份不为名利驱使的心态，守得住繁华的李娜必然可以获得更高的成就。

好汉不提当年勇

什么是好汉不提当年勇？这句话的意思是说，真正的英雄好汉，是不在人们面前夸耀自己以前是如何英勇的。换句话说，真正的成功者，是不吹嘘以往的成绩的，他总是能够保持谦虚的态度和永远前行的进取心。那么为什么好汉不提当年勇？因为好汉以炫耀为耻，好汉只是做自己认为该做的事情。

鲁迅先生笔下的阿Q是世界文学画廊中的典型形象，他有一句名言："我们先前比你阔得多。"而他的"先前阔"的精神也被许多人奉为至宝，在生活、事业中一旦小有成就，他们就骄傲起来，满足于现状，沾沾自喜，最后固步自封，哪怕最后失意潦倒了，也总是喜欢发挥自己的阿Q精神，得意洋洋地说什么“想当年”之类的话。可是如果一个人只知道“先前阔”，只爱提当年，那就必然不能正视现在，认识不到自己的处境，就无法再百尺竿头更进一步。

一个人如果总是沉迷于过去的光鲜亮丽，那么最终不过是固步自封，殊不知光鲜亮丽的曾经终究只是曾经，重要的是当下的境遇，所以说真正的好汉是不会总活在过去的优秀光环里的，他们会通过努力不断地提高自己，更上一层楼。

回到起点，把一切归零，不提当年勇。季羡林先生一生不慕名利，能平淡地看待一切成功与逆境，拥有坐看云卷云舒的淡然心态，这样的境界是值得每一个人去学习的。

·5·

自助者，天助之

对世界上绝大多数人来说，人生一无意义，二无价值。他们也从来不考虑这样的哲学问题。昏昏沉沉，浑浑噩噩，等到钻入了骨灰盒，也不明白自己为什么活过一生。

——季羡林

子曰：“佑者助也，天之所助者顺也；人之所助者信也，履信思乎顺，又以尚贤也。是以自天佑之，吉无不利也。”而国学大师季羡林先生也曾提到：“自助者天助也。”那么什么才是自助？又为何说自助者天助？在这个世界上，坚强的人往往会得到更多的鼓励，而软弱的人却很少有人扶持，所谓的自助者天助说的大概就是这个道理。

对自己负责

什么是自助？顾名思义，自助即是自己帮助自己，而要做到这一点首先要做到的是对自己负责，一个人只有在对自己负责、不放弃自己的时候才会让别人注意到他。没有人愿意帮助一个软弱无能和不思进取的人。

在拿破仑年轻的时候，有一天他到郊外去打猎，走到半路上突然听见有人喊救命，他循着声音来到河边，发现一个男子正在水中挣扎。拿破仑知道这条河的水并不深，这个男子显然是被自己内心的恐惧吓到了，所以他果断地端起猎枪，对准那个落水的男子喊道：“你如果不自己游上来，我就把你打死在水里！”那人一看求救不成反而给自己引来了危险，一下子沮丧到了极点，但是为了求生，他只好奋力自救，结果发现这是条浅水河，很容易就能游上岸来。

拿破仑拿枪逼迫落水者就是要告诉他，自己的生命本应该由自己负责，唯有被自己负责的生命才是真正有救的生命。如果不是拿破仑的逼迫，那这位男子永远都不会知道，原来他凭借自己的努力也可以救自己。

推荐自己

韩愈在《马说》一篇中有言曰：“世有伯乐，然后有千里马。千里马常有，而伯乐不常有。故虽有名马，祇辱于奴隶人之手，骈死于槽枥之间，不以千里称也。”古往今来，并非每一个有才华的人都可以被发掘，得到重用，那些成功者不仅需要“伯乐”，也需要推荐自己，主动寻找机遇。

春秋时期，狼烟四起，秦军包围了赵国都城邯郸，大敌当前，平原君赵胜奉赵王之命去楚国求兵解围，他的门客中有一个叫毛遂的人自我推荐要和平原君一起去楚国，平原君被毛遂的再三要求所感动，勉强同意让他随行。到了楚国，楚王只接见了平原君一人，而且迟迟无法决定是否出兵。毛遂大步跨上台阶，在殿外喊道：“出兵的事，非利即害，非害即利，简单而又明白，您为何议而不决？”楚王非常恼火地让他退下，毛遂见楚王发怒，不但不退，反而又上了几个台阶。楚王见毛遂很有勇气，便没有再呵斥他，毛遂便把出援赵有利楚的道理做了精辟的分析。毛遂的一番话，让楚王心悦诚服，他答应出兵援赵。

如果毛遂没有自荐，那么平原君不会主动带他去楚国，他自然没有机会在殿前向楚王慷慨陈词，也不会得到楚王的认可，更不会被平原君和赵王赏识。毛遂通过自荐成就了自己，实现了人生抱负，会推荐自己的人才会得到更多的机会。

自助者天助

中国有一句古话是这样说的："求人不如求己。"季羡林先生解释道："所谓的求人不如求己，说的不是别人不如自己可靠，而是因为自助者天助之。"肯自助的人才会得到别人的帮助，一味地去祈求别人的帮助，万事都想依靠别人的人是无法得到别人眷顾的。

从前，有一名虔诚的佛教徒遇到了难事，于是他打算去寺庙里求拜观音菩萨。他走进寺庙时却发现菩萨像前有一个人正在参拜，而那人长得和观音菩萨一模一样。那个人疑惑地问参拜者："请问您是观音菩萨吗？"参拜者点了点头，答道："是。"那人更加疑惑了，于是又问："那您为什么要拜自己呢?""因为我也遇到了难事。"菩萨笑着答道："求人不如求己，所以我就来拜拜自己。"

"求人不如求己"说的就是"自助"，一个人如果出身不好，不必自卑；遇到困难了，也不要急于放弃，微笑地面对打击和挫折，努力寻找解决困难的办法。所谓的"自助"是一种积极的生活态度，拥有这种态度的人，也一定会用积极的生活信念去改善自己某时所处的不利局面。

人不能总是想着别人的帮助，这个世界上没有谁有义务必须要帮助谁，真正能够帮助自己的只有自己，能够积极地自助，才能得到更多的机遇；有了更多的机遇，成功的可能性就会更大。这就是"自助者天助"的真谛之所在。

·6·

压力，拼搏的动力

吾辈平民老百姓，家家有一本难念的经，这些都是压力，谁能躲得开呢？

——季羡林

贝弗里奇曾经说过这样一句话："思想上的压力，甚至肉体上的痛苦都可能成为精神上的兴奋剂。"我们经常会感受到生活中形形色色的压力，有些人甚至会因难以承受巨大的压力而精神失常。压力避无可避，也没有那么可怕，只要你正确地面对它，有时反而可以转化为动力。就像智慧大师季羡林所说的那样，压力是拼搏者的动力，不思进取的人害怕他，努力上进的人被它成就。

压力与动力

伟大的革命家马克思先生在谈到压力时这样说："在科学上没有平坦的大道，只有不畏劳苦沿着陡峭山路攀登的人，才有希望达到光辉的顶点。"压力是可以转化为动力的，把压力当成实现目标的路途中的石头，每成功地跨越一道阻碍便可以离成功更近一步。

人们常说"井无压力不喷油，人无压力轻飘飘"，只要把压力转化成动力，你就会变得更强大！压力是一把双刃剑，能使人成功，也能使人失败，就要看如何看待压力，化解压力，转变压力。在每一届的奥运会赛场上，总有一些体坛名将因压力太大而失手，但也有一些黑马杀出重围，获得最后的胜利。对于运动员来说，无论是名将还是新人，都要承受巨大压力。如果始终让自己背负“名将”的光环，认为自己已经拿了几块金牌，这次一定要再拿一块，如果失败，就会非常丢脸，无形之中背上了沉重的思想压力，比赛时难免束缚手脚，无法发挥最佳状态。新人则往往把自己定位在挑战者的位置上，如果输了，也没有什么，如果赢了就更好，说明自己有夺冠的实力，心态放松，将赛场当作展示自己的舞台，因而有可能成为一匹黑马。

因此，面对压力，主要看自我的定位问题。如果以一颗平常心来面对，把自己定位在一个普通位置上，也就有更大的发挥空间。因为人最大的敌人就是自己，能够战胜自身的压力，其他的外界压力也就不值得一提了。学会自我减压，才能将压力变成动力，获得更大的成就。

如此看来，压力真的可以成为成功者拼搏的动力。所以，在压力面前不要退缩，压力并不可怕，只要努力征服压力，那么它就会变成动力，离成功也就不远了。

生活需要压力

孟子说“入则无法家拂士，出则无敌国外患者，国恒亡”，国家的生存和发展需要外部的压力，人生也同样如此。太过顺利的人生不见得是幸福的，反而会危机四伏，生活中不妨试着去创造一些坎坷，通过征服它去磨练意志。

秘鲁的国家动物园里有一只美洲虎，这种动物非常稀有，濒临灭绝，目前全世界大约只剩下17只。秘鲁人为了保护这只美洲虎，就从天然的环境里单独开辟一块山地，为它修了一个虎园，让它在大自然中自由地生活。虎园里面山水秀丽，草木丛生，还放养了成群的牛羊和野兔，供这只美洲虎享用。然而奇怪的是，这只老虎从来没有捕捉过任何猎物，只吃虎园管理员送来的肉食，而且整天躺在装有空调的虎房里，吃了睡，睡了吃，对大自然一点不感兴趣。人们看到老虎成天一副懒洋洋的样子，非常担忧。

一天，一位参观的专家说："老虎是森林之王，虎园里放一群只吃草的动物，难怪它会变成现在这副懒惰样子，这么大的一个虎园，至少要放几只狼和豺狗吧？"虎园听取了意见，捉了几只豹子和财狼投进虎园。食肉动物进入虎园之后，捕杀猎物，对美洲虎造成了一定的压力。它从此不再整天吃吃睡睡，与这些豹子和财狼开始了激烈竞争。

其实在生活中也是这样，当一个人缺少压力，缺少竞争的时候就很容易坐享安逸，失去斗志；可是一旦面临危机，为求自保，势必要通过努力去实现目标。所以说，生活中需要有压力，适当的压力可以令一个人的生命变得更精彩，将压力转化为动力，可以让人生机勃勃，精神抖擞，获得更大的成功。

压力是拼搏者的动力

在当今时代，由于科技的进步、社会的发展，人们面临的压力越来越大。季羡林先生告诉我们，虽然压力越来越大，但是千万不要被压力击垮，要正确地面对压力，把它变成动力。

一艘卸货返航的货轮突然遭遇巨大风暴，水手们急得团团转，这时老船长下令："打开所有货仓，立刻往里面灌水。"水手们担忧道："这不是自找死路吗？"船长镇定地说："大家见过根深干粗的树被暴风刮倒过吗？被刮倒的是没有根基的小树。"水手们半信半疑地照着做了，随着货仓里的水越来越满，货轮渐渐地平稳了。

如果放在地上的是一只空木桶，那么它是很容易被大风打翻的，可是如果这只木桶装满了水，有了足够的负重，那么它就很难被风吹倒了。当船上有了积水的时候也就有了负重，在大风里反而会更安全一些；而船内空着时，反而是最危险的时候，因为它会很容易被大风打翻。如果把每个人都当作一只在生活的海洋中航行的船，那么各种压力就是航行中的负担，这些压力虽然有时会令人疲累、烦躁，但它们同时也是保证前进的动力，若没有这些压力，人就会很容易被生活的波浪打翻。

压力并不可怕，可怕的是没有毅力，对于拼搏上进者而言，压力不失为一种动力，因为有压力才能激发出潜力，面对压力时不要惧怕，要敢于挑战，没有谁的人生会是一直顺利的，风雨随时都有，重要的是不要在风雨中失去前行的勇气。

· 7 ·

成功之道的三重境界

把成功的三个条件拿来分析一下，天资是由“天”来决定的，我们无能为力。机遇是不期而来的，我们也无能为力。只有勤奋一项完全是我们自己决定的，我们必须在这一项上狠下功夫。

——季羡林

国学大师王国维曾经以美学家的敏感、诗人的灵动以及哲学家的参悟为标准，将本来不相干的三句话连缀在一起，总结出人生的三重境界：“独上高楼，望尽天涯路；衣带渐宽终不悔，为伊消得人憔悴；众里寻他千百度，蓦然回首，那人却在灯火阑珊处。”这三重境界从迷茫到执着再到释然，很形象生动地总结出人生三个不同的阶段，而成功之道同样拥有三重境界，即百折不挠、周济天下、功成身退，只要真正地领悟了这三重境界中的奥秘，离成功也就不远了。

百折不挠

老子说“上善若水”，水是最柔和的东西，但天下的利器也莫过于水。水最具百折不挠的精神，再坚硬的石头，也可以滴水石穿，再锋利的铁器，也可以被水腐蚀生锈。遇到不同的环境，水会适应并克服困难，虽然改变形态，但本质永不改变。遇热会变得滚烫，遇冷会变成寒冰，它可以有气体、液体和固体三种形态，可以轻如雾气，也可以坚如钢铁。从水的特性中可以学到很多，领悟很多，最重要的就是百折不挠的精神，这也是成功人生的第一种境界。

说起百折不挠，不由让人想起著名学者周海中教授的事例，周海中教授在探究著名数学难题——梅森素数分布时，虽然重重困难，经历无数次的失败，可他始终没有放弃，凭着坚强的意志继续探究，终于给出了梅森素数分布的精确表达式，享誉国际的“周氏猜测”就此产生。

没有什么克服不了的困难，也没有什么实现不了的目标，艰难险阻固然会有，可是它并不可怕，只要不在困难面前低头，百折不挠，坚持不懈，成功的桂冠就在眼前。

周济天下

道家有言：“水生万物。”水从不参与争斗，自甘从高高的山头流向低洼之地，但万物都因水而生，没有哪一种生命可以离开水而存活。水滋养万物，哺育万物，它不争名夺利，但价值无可取代。学习像水一样周济天下，灌溉万物，这便是成功人生的第二种境界。

周济天下是一种社会责任感和奉献精神，一个人拥有才华和能力，就应该施展出来，为社会和他人做贡献，而不是仅仅想着用才华赚钱，满足个人的私欲。古人说：“大丈夫者，为国为民。”将天下忧患系于心，周济天下，将个人价值与社会国家的命运相联系。传统文化提倡“学而优则仕”，即读书人要去做官，参与仕途，要用自己的聪明才智为国家做事，为百姓做事。周济天下，这才是“仕”的真正目的和意义。

季羡林先生一生精通许多语言，做了很多学术研究，他满怀周济天下的心，让他的学问和著作对社会、对国家有用。他从来不去考虑写一篇论文赚多少钱，为他带来什么样的名誉、头衔，即便有人称他为国学大师，他也要推掉这一顶帽子。

季羡林先生并不喜欢天才，他说天才通常会有一种骄傲，一种孤芳自赏，或是不愿意与普通人为伍。而且天才也常常会有怀才不遇、生不逢时之类的抱怨，那是因为他们缺少一颗周济天下的心。孤芳自赏的人，往往不愿意与他人分享自己的才能；怀才不遇的人，往往不愿意将才华用于大众身上，而喜欢将自己与别人分离出来，沉溺在自己的世界当中。

如果没有周济天下的精神，才华和能力只为一个人服务，那就是没有价值的，或者说价值极微的。因为一个人在世上生存的意义，取决于他为社会和别人付出了多少才能和心血。

功成身退

雾虽然飘渺无力又无形可依，可它却有着最为自由的本身。它随心变幻，聚到一起可以成云结雨，变成有形的水；随风飘散便可变得无影无踪，飘忽在天地之内。这说的就是成功人生的第三种境界——功成身退。

作为南非第一位黑人总统的曼德拉在其政治生涯中声望如日中天，很多人认为终身总统是对他多年牢狱之灾的补偿。然而1997年12月，他却执意辞去了非国大主席一职，并表示不再参加1999年6月的总统竞选。在非洲的历史上，只有少数民选的国家领导人自愿退休，而曼德拉是其中的表率，居功而不自傲，有权而不恋权。他不凭借个人威望而凌驾制度之上，在完成了自己的使命之后，功成身退，他的形象被作为追求平等正义的楷模，永远停留在那段光辉岁月中。

能够取得成功的人很多，可是能守得住成功的人却很少，所谓“守业更比创业难”说的就是这个道理，繁华并不是那么容易死守，无论是在做什么，无论是为了追求什么样的成功，这些都不重要，重要的是能够在成功之后功成身退，这才是真正的成功。

如果把三重境界用一段充满禅机的语言来总结便是：“看山是山，看水是水；看山不是山，看水不是水；看山还是山，看水还是水。”一切从无到有，又从有归于无，本来就没有什么需要迷茫与执着的，只有真正领悟到了成功，才能够释然，以一颗平实的心去面对新的成功，这便是季羡林先生所说的成功之道的三重境界。

NO.6

养生无术是有术

——季羡林谈长寿哲学

兼容百家、学贯中西的学界泰斗季羡林先生享年98岁，这位国学大师能够如此高寿，自然有其长寿之道。当别人问起他能够如此长寿的秘密是什么时，季羡林先生笑道：“养生无术是有术。”

季羡林先生并不拘泥于流行的养生之术所定下的条条框框，也从不刻意地去追求养生之术。在他看来，一个人只要懂得善待人生、珍惜时间、慎守善德、珍爱自然、陶冶性情、修身养性，自然可得长寿。而其中的精髓就是要身心勤奋、胸怀宽广、天人合一，这套以季羡林先生朴素的人格特征和一切为了工作的人生追求为基点的养生之法自有其智慧所在。

· 1 ·

行动上要服老，精神上要不服老

上海的巴金，长我七岁；北京的臧克家，长我六岁，都仍然健在。他们的健在给了我信心，给了我勇气，也给了我灵感。我想同他们竞赛，我们都会活过一百多岁。

——季羡林

“我自己已是老人，我也观察过许多别的老人。有不少老人虽然已经寿登耄耋，年逾期颐，向着百寿甚至茶寿进军，但仍然勤勤恳恳，焚膏继晷，兀兀穷年。”智慧大师季羡林先生在《老年谈老》中如是说。他这样说，显然是因为有着一股不服老的精神。

廉颇老否

老去的只能是一个人的身体，而他的信念、追求是不会老的。可是人有时候却需要服老，也许是被大环境所压迫，也许是被自身条件所限制。虽然说人终有一老，可是纵是身体上已老去，精神上却不该服老。

战国时期，赵国多次被秦军围困，为了摆脱这种困境，赵王想再任用当时已经年老的廉颇，廉颇也想再次为赵国效力。赵王派遣使者宦官唐玖带着一副名贵的盔甲和四匹快马到大梁去慰问廉颇，看廉颇还是否可用。

廉颇的仇人郭开却唯恐廉颇再得势，暗中给了唐玖很多金钱，让他说廉颇的坏话。赵国使者见到廉颇以后，廉颇在他面前一顿饭吃了一斗米，十斤肉，还披甲上马，表示自己还有用。但使者回来向赵王报告说："廉将军虽然老了，但饭量还很好，可是和我坐在一起，吃一顿饭的功夫却去了三次厕所。"赵王听了以后认为廉颇真的老了，就没任用他。

庄子说："人生天地之间，若白驹过隙，忽然而已。"人的一生，很长又很短，这一切的价值都在于生命的意义，廉颇固然已老，可他的精神却未老，他想得到君主的认可，想要继续自己内心追逐已久的事业，奈何遇见了奸佞小人，虽然最终没能成功证实自己的实力，可是他不服老的精神却值得每一个人学习。

宝刀未老

中国有句俗话："不听老人言，吃亏在眼前。"这句话说得有道理吗？有，但却不是绝对有，若这个老人是位智者，他的话自然得听，因为这样的人虽然老了，可他的智慧还在，只要他的精神不老，那么他依旧拥有不减当年的锐气。

《三国演义》中有这样一个故事：当年魏将张郃率兵攻打蜀国的汉中地区时，当地守将告急。老将黄忠请缨出战，并且让同是老将的严颜当副将。到了关上，两军对峙，张郃便笑黄忠严颜二人这么老了还出来打仗，莫非是因为军中无人了？黄忠听后非常生气地说道："你这臭小子欺负我年老是不是？你不妨过来试试，我手中的宝刀可还没老呢！"

英雄宝刀未老，这该是多大的幸事，可是时光易逝，年华易老，连季羡林先生提起年老时都说如坐了过山车一样，情到之处忍不住感叹："它不饶人，不了解人的心情，愣是狂奔不已。一转眼间，'两岸猿声啼不住，轻舟已过万重山’，滑过了花甲，滑过了古稀，少数幸运者或者什么者，滑到了耄耋之年。”人老了，身体老了，这都没什么关系，只要你的精神不服老，那么依旧能够追逐向往已久的功业。

服不服老

人该不该服老？要不要服老？廉颇老了吗？黄忠老了吗？从年龄上来看，他们确实老了，可是从精神上看，他们又未老，年至花甲、古稀、耄耋，人生垂暮，在普通人眼里很多抱负已经难以实现，可纵然如此，人依旧应该有不服老的劲儿。

季羡林先生是个长寿者，这一点毫无疑问，他一生勤勤恳恳，从来都是四点起床，读书、看报、做学问，这样的习惯到老年也在坚持，哪怕是最后生病住进医院也无例外，输液时也不放弃思考，依旧反复琢磨着手上的文稿，输液一结束便提起笔，或是更改，或是书写，洋洋洒洒，所以季羡林先生的著作从未停止过。

季羡林先生如此这般勤勉是因为什么呢？珍惜时间？专注学术？都有，但是更重要的是他有一颗不服老的心，在年龄上来看，他确实老了，可是从精神上来看，他从来都没有老去。面对学术，他从来不服老，他始终坚信，在学术上，他的心永远不老。

人到底该不该服老？要服老，在年龄上、在身体上要服老，不要做有损身体的事情，例如很多活动过于冒险，年轻人可以去做、去追逐，可是在垂老之后就不要再勉强自己的身体；要不服老，在事业的追求上不服老，很多事情不应该因年老而停止。所以，记住季羡林先生的一句话：“在行动上要服老，可是在精神上不能服老。”用未老的心态去面对一切，这也许也是季羡林先生的长寿秘诀之一吧。

·2·

智者乐，仁者寿

我们认为，老是自然规律，老是人生阶段之一，能达到这个阶段，就是幸福的。

——季羡林

“智者乐，仁者寿，长者随心所欲。一介布衣，言有物，行有格，贫贱不移，宠辱不惊。学问铸成大地的风景，他把心汇入传统，把心留在东方。”感动中国人物颁奖词是这样评价季羡林先生的。那么何为智者乐？何为仁者寿？这两个词皆用在季羡林先生身上又有何意义？

智者乐水，仁者乐山

子曰：“知者乐水；仁者乐山。知者动；仁者静。知者乐；仁者寿。”朱熹在《论语集注》里面曾作如此讨论：“没有对仁和智极其深刻的体悟，绝对不能做出这样的形容。”

赵宝煦先生是当代中国政治学与国际政治学的一代宗师，他一辈子历经沧桑，但与同时代的其他政治学学者相比，他还是比较幸运的。他一身正气，心胸开阔，身体健康，不仅高寿，而且是福寿双全。在花甲之年，他迎来了政治学和个人学术生命的春天，亲自参与领导了政治学在当代中国的复兴，为国际政治学在中国的发展奠定了基础，引领了一个时期中西方学术交流的风气，并且培养了俞可平、王浦劬、郝平等一大批杰出人才。“任道多，积德厚，履位高，成名众”，“励精朴学，兼万人之姿，宣六艺之奥”。毫无疑问，赵宝煦先生也当得起这样的评价。所谓“仁者乐山，智者乐水”，说的就是如赵宝煦先生这样的人，他们拥有平和的心境，能够坦然面对生活中各种各样的磨砺考验，无论悲喜，始终坚持自我，坦然生活。

智者，也就是聪明人。聪明人通达事理，反应敏捷，思想活跃，性情好动，就像水不停地流一样。仁者，也就是仁厚的人。仁厚的人安于义理，仁慈宽容，不易冲动，性情好静就像山一样。所谓智者乐水，仁者乐山，说的大概就是这样的道理吧。

智者乐

何为“智者乐”？即是说，智者是喜乐的，人生观、兴趣是多方面的。智者乐水也并非取其表面之意义，理解成聪明的人都喜欢水，这样未免狭隘，其真正的含义是，智者像水一样懂得变通，能包容，遇事乐观，阅尽世间万物，仍能淡泊超然。

著名科学家霍金是一位真正的智者。他从小拥有对自然科学的强烈兴趣，在大学时代就沉迷于研究一种解释宇宙的万物理论。21岁的霍金患上了不治之症，医生预测他最多只能活2年，霍金看见同一个病房的男孩第二天就死去了，他觉得自己不算倒霉，所以不应该放弃，而且他17岁考上剑桥大学，拥有异乎常人的头脑，可以为别人做更多的事情。

患病后，霍金继续自己的研究。他每天都陶醉在科学世界中，不去想疾病问题，对生活充满乐观和幽默的态度。他说：“一个人身体残疾了，决不能让精神也残疾。”霍金的意志力异常坚定，曾6次与死神擦肩而过，但他都顽强地活了下来。

一次有位女记者问霍金：“病魔已将您永远固定在轮椅上，你不认为命运让你失去太多了吗？”霍金脸上充满了笑意，用他还能动的3根手指叩击键盘，显示屏上出现文字：“我的手指还能活动，我的大脑还能思维，我有终生追求的理想，我有爱我和我爱的亲人和朋友，我还有一颗感恩的心！”

所以，霍金认为他什么也不缺少，甚至比世界上许多人拥有得更多。即使病魔把他困在轮椅上，他也是无限的空间之王。所谓的智者乐，说的便是霍金这样的人，作为一个智者，纵是遭遇各种不幸，也能怀着感恩的心坦然面对，在逆境中寻找生活乐趣。

仁者寿

何为“仁者寿”？即是说，宁静有涵养的人，比较不大容易发脾气，也不容易冲动，看事情冷静，先难而后易，这种人寿命也长一点。

一代伟人邓小平虽然在政治上遭受三次大的挫折，可是仍旧能有九十有三的高寿，这与他热爱祖国、热爱人民的高尚品质和置个人得失于度外的博大胸怀密切相关。历史上素来有“名医多高寿，皇帝皆短命”之说。然而，作为一个大德之人，邓小平胸怀宽广、高风亮节、不贪不淫，具有崇高的追求和高尚志趣，爱亲友、爱同志、爱人民，宽以待人，在任何情况下都自信自爱，不忘众生，这不失为他长寿的一个重要因素。

仁者寿的观点是儒家养生思想中最为集中而典型的体现，其中主张突出个人养德的主动性，以此来达到道德自我完善的境界。明代吕坤在《呻吟语》中说：“仁者寿，生理完也。”即是说“仁者”在形、神诸方面都完全具备了有利于生命延续的全部积极因素。

“心底无私天地宽”，因为“无私”，所以终日心平气和，因为宽厚待人，所以没有忌贤妒能的忧虑，心里始终是泰然自若的。

·3·
青年学生们是我的“药石”

我最近颇接触了一些青年学生，我认为他们是我的小友。不知道为什么我对这一群小友的感情越来越深，几乎可以同我的年龄成正比。他们朝气蓬勃，前程似锦。我发现他们是动脑筋的一代，他们思考着许许多多的问题。

——季羡林

季羡林先生说：“青年学生们是我们的‘药石’。”在他看来，自己同这些生龙活虎的青年们在一起，可以被他们身上那一股洋溢的朝气，冲刷掉自己身上暮气，让自己觉得像是年轻了几岁一般。

老年人不是社会的“包袱”

季羡林先生大呼：“对老年人不必天天絮絮叨叨，耳提面命：‘你们已经老了！你们已经不行了！对老龄社会的形成你们不能辞其咎呀！’”在他看来，老龄化是自然趋势，而且无法制止，既然无法制止，就不必徒劳无益地瞎嚷嚷。老年人自有老年人的气魄，不要觉得老年人就是暮气沉沉的代名词，当他们与青年人在一起时，依旧能够洗刷掉周身的暮气，被他们的朝气感染。恰如季羡林先生所说；“同青年们接触真能延长我的寿命。”

历史上著名的姜太公姜子牙，年轻时曾在商都朝歌宰牛卖肉，又做过卖酒的生意。他生活贫寒，但胸怀大志，一生勤苦学习，钻研探讨治国兴邦之道。直到晚年的时候，他才有了施展才华的机会，辅佐周文王和武王父子，最后举兵伐纣，灭商建立周王朝。姜子牙的生卒年不可考证，相传他活了100岁，但不管怎样，他确实是在年老的时候得到重用，据说是72岁拜为国师。虽然姜子牙年老了，但他仍然可以发挥出聪明才智，帮助周王朝建国安邦，这是典型的大器晚成。

因此，有些人虽然老了，可是他永远不会是社会的“包袱”，只要不停地努力，即便在年轻时没有很好的机遇，说不定在年老时能施展才能，做出一番大事业。

青年人是老者的“药石”

古诗说：“服食求神仙，多为药所误。”季羡林先生说自己一不服食，二不求神。他认为青年学生就是自己的药石，就是自己的神仙。

有两个老者，他们一个喜欢和青年人一起谈天论地，听青年人讲述大世界的精彩，然后这个老者会抚摸着胡须向青年人回忆自己壮年的经历，嘻嘻哈哈地和他们闹成一片。他也经常和这些青年人一起，走几里路，赏赏美景，一路高谈阔论。这个老者丝毫不觉得自己老了，觉得和这些青年人在一起自己浑身都是劲儿。这个老者身子硬朗，无病无灾，在外人眼里也不显老态。

而另一个老者，他从来不像第一个老者一样“胡闹”，而是一个“安安分分”的老人，每天坐在椅子上，晒着太阳，看着老树的叶子从绿到黄到飘落。他不敢运动，觉得做稍微大一点的动作都有可能让他的骨头散架，他最大的运动就是在自己家院子里拄着拐杖沿着墙角从头走到尾。慢慢地，这个老者变得愈发老了，很快就再也下不了床了，只能气若游丝地躺着哀叹：“老了、老了。”殊不知，与他同龄的另一位老者依旧健朗。

青年人是老者的药石，老年人就该多和青年人接触，感染他们的活力，让他们身上积极向上的朝气赶走自己身上的暮气，心态好了，身体自然会好，身体好了又怎会不长寿？

真正的“药石”

俗话说：“长江后浪推前浪，世上新人换旧人。”季羡林先生说，他同青年们接触，企图延长寿命，并不是为了想多吃几顿饭，这些是毫无意义的。延长寿命是为了创造价值，因为生命的意义不在其长短，而在于它的深度。

季羡林先生也正是这样做的，他在老年的时候非常喜欢和青年学子交流，或是书信来往，或是坐在一起高谈阔论。他总是笑呵呵地为小辈们解惑，听他们诉说自己的志向，然后鼓励他们，从他们身上获取力量，得到写作的灵感。他平易近人又知识渊博，所以青年学生们都很喜欢他，也都很乐意向他诉说自己的志向、见解。而他喜欢青年们身上的朝气，喜欢听他们畅想未来，然后想起自己年轻时候的志向，他也会去纠正一些青年们不好的思想。于青年们而言，季羡林先生是良师益友；而青年们于他，则是亦友亦师。

季羡林先生说：“我现在计划要做的学术工作还很多，好像一个人在日落西山的时分，前面还有颇长的路要走。我现在只希望多活上几年，再多走几程路，在学术上再多做点工作，如此而已。”对于季羡林先生而言，青年人是他保持青春的灵丹妙药，能够延长他的生命。季老一生为社会做出巨大贡献，因此他的生命不仅有长度，更有深度，活得长久并非是为了贪图享受，而是可以奉献出更多的才能和力量。

“青年学生们是我们的‘药石’”，季羡林先生说得不错，青年是老年的“药石”，可这“药石”也是要讲求药性的，并不是说随便一个青年就是老年的“药石”。那些心中满怀志向、有胆有识、敢于作为、充满活力的青年是老年人的朋友，常与这样的年轻人交流，获得有益的“药石”，才能够延年益寿。

·4·

我的长寿秘诀：跟着感觉走

中国古话说：“尽人事而听天命。”首先必须“尽人事”，否则馅儿饼绝不会自己从天上落到你嘴里来。但又必须“听天命”。人世间，波诡云谲，因果错综。只有能做到“尽人事而听天命”，一个人才能永远保持心情的平衡。

——季羡林

庄子有句名言：“安时而处顺。”这句话放到养生问题上来说，就是告诫人们不要有那么多禁忌，不要刻意强迫自己做难以做到的事，只有精神愉快，乐观豁达，吃得下睡得着，有问题设法解决，有困难努力克服，健康长寿才会水到渠成。智慧大师季羡林先生在《做人与处世》中写道："一个人生活在世界上，必须处理好三个关系：第一，人与大自然的关系；第二，人与人的关系，包括家庭关系在内；第三，个人心中思想感情矛盾与平衡的关系。这三个关系，如果能处理得好，生活就能愉快，否则，生活就有苦恼。"其中强调的便是这种跟着感觉走的思想。

自然而长寿

众所周知，季羡林先生是长寿的，可他长寿的秘诀是什么呢？他自称是"三朝元老"，意指他一生经历了清朝、中华民国和中华人民共和国三个时代。他出生于辛亥革命那年，直到2009年因心脏病去世，享年98岁。

他除去在91岁的时候患上老年性哮喘和白内障外，身体并无其他大碍。他脑子好用手也勤，一天能写成千上万的文字。十里八里地的路，他也抬腿就到。著名的散文《赋得永久的悔》有4000多字，就是他一气呵成写完的。有人问他，您精力如此充沛，有什么养生秘诀呢？季羡林回答："那是因为我有一个"三不主义"的养生方法。"

三不主义

其一，不挑剔.季羡林先生是有什么吃什么，从来不挑肥拣瘦，只要符合口味，就一概吃。他很反对那种挑三拣四、战战兢兢的吃法，曾笑言："如果吃苹果要消三次毒，那吃到口的苹果还何谈美味？只怕吃了未必健康。"饮食上的禁忌少一点，心理自然没了负担，胃口也自然会好起来，吃进去的东西就能消化，自然就能百病不侵了。

其二，不锻炼。季羡林先生专注于文学创作与学术研究，自然就很难抽出时间专门做身体锻炼；而要他牺牲写作读书的时间去锻炼身体，他是绝对不会同意的，因此季羡林先生才说自己反对"锻炼主义"。季羡林先生曾经解释说：“我没有时间去探索养生、长寿之道，也从不刻意去追求锻炼，但并不是反对体育锻炼，而是反对‘锻炼主义’。”从他的解释大致可以看出“锻炼主义”是指那种宣扬活着是为了锻炼，锻炼是为了活得更长的极端做法。在他看来，把锻炼体魄看得过于重要，就会人为地给自己增加心理负担，因小失大。

其三，不嘀咕。季羡林先生所谓的不嘀咕，是说没有什么他想不开的事。人吃五谷会生百病，季羡林也会生病，但他从来不为自己的病痛浮想联翩、愁眉苦脸。他不喜欢那些无病装病，没病却幻想有病，或者有一点点小病就不得了的人。

超然名利

从养心的角度来看，季羡林先生最可贵的地方在于他的宠辱不惊与淡泊名利，他始终以一颗平常而豁达的心去对待生活中遇到的任何事情。2002年10月，季羡林在住院期间专门写文章提出请辞“三顶桂冠”。他说：“请从我头顶上把‘国学大师’的桂冠摘下来，请从我头顶上把‘学界泰斗’的桂冠摘下来，请从我头顶上把‘国宝’的桂冠摘下来。”他认为学问要踏踏实实地做，因为唯有静下心来才能做出真学问。季羡林认为自己是一个普通人，无论面对什么样的困境、逆境，无论拥有怎样的名誉、地位，他始终用一颗平常心来看待。“宠辱不惊，看花开花落，胜似闲庭信步”，无所求、无所欲，也正是在这样的态度下，季羡林先生才成为大师。

除了这些，季羡林先生还有两个嗜好，一是看书，二是养猫。他一生以读书为乐，在他看来，不管遇到什么不顺心的事，他一坐到自己的书屋里，什么烦恼都烟消云散了。他还爱养猫，喂养过一只叫“虎子”的猫，读书写书累了的时候，虎子就与他逗闹撒欢，带给了他很多乐趣。后来，他又有了一个叫咪咪的波丝猫，与虎子一起陪他玩耍。后来咪咪老死了，他又得了新猫，起名为“咪咪二世”、“咪咪三世”。在人生的最后阶段，季羡林先生的老伴、女儿等亲人相继过世，在他精神最苦闷的时候，是这些猫给了他很大的安慰。

探索季羡林先生长寿的原因，与他善良、有爱心、勤勉工作、胸襟宽阔、不挑拣生活、淡泊名利都有很大关系。“养生无术是有术”、跟着感觉走，这就是他对自己长寿的最好总结。

·5·
生命不因年老而尘封

人们渐渐地觉得老了，从积极方面来讲，它能够提醒你：一个人的岁月决不是取之不尽用之不竭的，应该抓紧时间，把想做的事情做完、做好，免得无常一到，后悔无及。

——季羡林

庄子说：“人生天地之间，若白驹过隙，忽然而已。”人的一生不过是经历人间数十载罢了，无论是几经沉浮还是几番激荡，总归是要有收帆归航的时候，总有那么一天，人要除却周身尘埃，去独享安乐之时。季羡林先生也曾表示，生命不该因为年老而被尘封，生命的意义在于其创造的价值，有些人纵使老矣，却依旧能有所成就。“大道至简，大音稀声”，说的就是这样的道理。

老当益壮

季羡林先生在学术研究上是个典型的不服老之人，而对于一个耄耋之年、几经命运坎坷的老者来说，那将近一个世纪的生命历练给他带来的是怎样的冥思？如果非要对这个问题刨根问底，那么可以说，季羡林先生这个几近百岁的人生大师只不过是用自己的心态向世人再次诠释了何为老当益壮。

在《三国演义》里，被刘备封为五虎上将之一的黄忠是中国古代“老当益壮”的代名词。黄忠在年近古稀的时候依旧自信地向诸葛亮请战，并且自称“两臂尚开三石之弓，浑身还有千斤之力”。在古代，人们的平均寿命本就不高，不惑之年的人自称“老夫”也是很正常的现象，而黄忠年近古稀却依旧身体健壮、思维敏捷。根据《三国演义》中的描述，蜀汉荆州战役失败后，七旬有余的黄忠随刘备伐吴为关羽报仇时还能够“提刀上马，引亲随五六人”，如此年迈的黄忠居然能够驰骋疆场，雄风不减当年，不得不令世人为之叹服。而黄忠能够“老当益壮”，不仅是因为作为武将的他在平时能够勤加锻炼，使体格足够强健，还与他在精神方面的“不服老”密不可分。

对于黄忠而言，年老并不代表着他的气魄老去，精神上的“不服老”成就了他的“老当益壮”，老去的只能是身体，而他的信念、追求是不会老的。

志向不因年老而尘封

曹操说：“老骥伏枥，志在千里。”他用恢弘的诗篇告诉世人，要人老心不老，人虽然老了，但是希望还在、志向还在、目标还在，奋斗还应该继续。

东汉名将马援从小就胸怀大志，想要建功立业。他长大以后，当了扶风郡的一名督邮，有一次应郡太守之命押送一名犯人去长安行刑。路上他觉得犯人十分可怜，不忍心把他送去刑场，就自作主张把犯人放走了。因为这件事，他自己也不敢回去，只好弃官逃亡到北朝郡躲起来。因为不敢贸然露面，马援只能悄悄地靠放牧种地谋生，没过几年就成了一个有钱的大地主，日子过得相当舒服。但是，他对眼前富裕的生活并不满足，因为他的志向并没有达成，觉得自己应该有更高的追求。后来天下大赦，他不必再躲躲藏藏地生活，于是把自己积攒的财产、牛羊都分送给朋友，想去投军打仗。朋友们都劝他，年纪渐渐大了，可以过一些安稳的生活，为什么偏要出去冒险受苦？他说：“做一个大丈夫，总要穷当益坚，老当益壮才行。”到了晚年的时候，马援奉命出征岭南，立下不世奇功，成为历史上赫赫有名的伏波将军。

马援少年时期就立下志向，他清楚自己真正想要的是什么，纵然到了年老的时候，衣食无忧，可以享受生活，可他依旧追逐梦想，“老当益壮，宁移白首之心；穷且益坚，不坠青云之志”。最终，因为自己内心不灭的信念，马援成功地实现了自己的人生价值。

人一旦上了年纪，或许是因为看过太多的世事变迁，经历过太多的风风雨雨，心性会变得不再浮躁，心淡如水，可是纵然如此，看淡的却始终只是其处事的态度，他的志趣还应在，奋斗力还应在，淡如水却不是淡如石，生命不会因为年老而尘封。

·6·

勿汲汲于所求，勿悄悄于怀恨

时光流失，一转眼，我已经到了望九之年，活得远远超过了自己的预算。有人说，长寿是福，我看也不尽然。人活得太久，对众生的相，看得透透彻彻，反而鼓舞时少，叹息时多。

——季羡林

古人谈及养生曾言：“淡然无欲，神气自满。于名于利，若存若亡；于非名非利，亦若存若亡。勿汲汲于所求，勿悄悄于怀恨。”其中“勿汲汲于所求，勿悄悄于怀恨”。两句更是被智慧大师季羡林先生极为推崇，这其中又有什么样的奥秘呢？

勿汲汲于所求

从养心的角度来看，季羡林先生最可贵的地方在于他的宠辱不惊与淡泊名利，他始终以一颗平常而豁达的心去对待生活中遇到的任何事情。季羡林先生出身贫苦，自小便历经磨难，二战前后被迫滞留德国长达十年之久，其间饱尝思乡之苦。回国后，为了新中国的文学建设，他又不得不与家人长期分居，独自一人在北京从事学术研究工作。

由于在学术研究上的杰出成就和重大贡献，季羡林获得了很多荣誉，但他始终将自己定位为一个普通的教授。他认为学问要踏踏实实地做，因为唯有静下心来才能做出真学问。季羡林认为自己就是一个普通人，无论面什么样的困境、逆境，无论拥有怎样的名誉、地位，他始终用一颗平常心来看待。

“宠辱不惊，看花开花落，胜似闲庭信步”，无所求，无所欲，也正是在这样的态度下，季羡林先生才成为大师。

勿悄悄于怀恨

季羡林先生讲，不仅要不求，也要不恨，无论发生了什么，都以一颗平常的心态去面对，这样内心舒坦了自然就能做出好文章来，自然就能做出真学问来，内心宽畅了，人自然也就活得舒坦了。

“文革”期间，季羡林先生也遭到了冲击，但无论是在怎样的处境下，他仍旧能够泰然处之，并且坚持做自己的学问。后来在接受采访时，他说：“那时我就在想，无论如何，活下来，也许还是有点好处的，也许那样的境遇下我反而能做出更好的学问来，果然我这一生写作翻译的高潮，就出现在这个期间。其中原因并不神秘，那就是因为我获得了余裕和时间，没有人敢来找我，没有人有勇气同我谈上几句话，也就没有人来打扰我。一两年内，没有收到一封信，没有来自外界的干涉。可是我的脑筋还在，我的思想还在，我的感情还在，我的理智还在。我不甘心成为行尸走肉，我必须干点事情，所以我就只能去做学问了。”本是人生的逆境，可却被他看作际遇，他不恨那段黑暗时光，不计较那时的苦楚，把心放在学问上，也许就是因为拥有这样积极、乐观、豁达的人生态度，季羡林才获得了自己的长寿密码。

“勿悄悄于怀恨”不是说要让你看破红尘世俗，所谓的“不以物喜，不以己悲”也并非说让你脱尘避世，只不过它所强调的是一种洒脱的态度，苦难之中不陷于哀，逆境之中不困于心，以一颗平常之心面对一切艰险，日久天长，自然会有所作为。

淡然无欲，方得长久

从季羡林先生“勿汲汲于所求，勿悄悄于怀恨”的人生态度上不难看出他的淡然无欲，正如彭祖的长寿必然不是因汲汲营营的小人心思、权谋计智而拥有的，他们都有着超然物外的心态，不计较，不强求。

在热播的《琅琊榜》里，被称琅琊榜首、麒麟才子的梅长苏却难享常人之寿，除了因为被火寒之毒伤了体质之外，又如何不是因为他的汲汲营营？若是不去算计那么多，江左梅郎也许可以多活数十载，可他却为了沉冤昭雪，为了那个艰难重重的目标，耗尽心血。也许是因为迫不得已，也许是因为天生的使命感，可是这个作者笔下虚构的人物为了仇恨算计半生，最终搭上了性命。

如果梅长苏不去算计那么多，可以忘记林殊，放下仇恨，归隐山林……可如果这样的话，他就不是梅长苏了，但是出于拳拳爱护之意，出于养生之道，却是想让梅长苏能够淡然无欲的。

“勿汲汲于所求，勿悄悄于怀恨。”像季羡林先生那般，不去苛求、不去强求、不去怨恨，用一颗平常之心，投身于文学之中，既能够陶冶情操取得成就，又能够宽慰胸怀，获得长寿。

·7·

保持活力，脑筋不停转

看到我已经有了一把年纪，好多人都问我：“有没有什么长寿秘诀。”我的答复是：“我的秘诀就是没有秘诀，或者不要秘诀。如果非要让我讲出一个秘诀不行的话，那么我的秘诀就是：‘千万不要让脑筋懒惰，脑筋要永远不停地思考问题。’”

——季羡林

“人有两件宝，双手和大脑，双手爱做工，大脑来思考。”幼儿园的孩子用软软的童音读出了这样的句子，大脑是用来思考的，倘若不思考问题，大脑便会生锈，便会失去运转能力。如果大脑退化了，这个人又何谈健康呢？充满智慧的国学大师季羡林先生在接受采访时就不止一次地提到：“脑筋要不停地思考问题。”

脑筋要不停地思考问题

在季羡林先生看来，如果非要让他讲出一个自己长寿秘诀的话，那就是“千万不要让脑筋懒惰，脑筋要永远不停地思考问题”。或许这真的就是他的长寿秘笈。

由于身兼数职，季羡林先生的大部分时间都被各种会议和学术活动所占据，但即便是在这种情况下，他仍然会保留充足的时间和机会让大脑思考。遇到一些空话连篇、信息量非常小的会议时，“往往只用一个耳朵或半个耳朵去听，就能兜住发言的全部信息量，而把剩下的一个耳朵或一个半耳朵全部关闭，把精力集中到脑海里，构思，写文章”。正如他自己所说“在飞机上，火车上，汽车上，甚至自行车上，特别是在步行的时候，脑海里更是思考不停”。季羡林先生在他的《九十述怀》中说：“在学术研究上，我的冲刺起点是八十岁以后。”即使是在住院期间，他也是闲不住的：输液时躺在床上反复推敲构思文章，等到药液输完，就赶紧拿起笔把自己的想法写下来，然后再次修改，直到自己满意为止。

克雷洛夫说：“伟大不只在事业上惊天动地，他时常不声不响地深思熟虑。”哈伯德也曾说：“思想家帮助人们进行思维，因为他们给别人定下了思维的方式。没有哪一个人能闭门独自写作或思维，思维是无形的，但是为了创造出有形的具有时代气息的东西，就有必要将思想表达出来。”可若换一种态度生活，一个人碰到霍金这样的遭遇，如果他放弃努力，安于天命，得过且过，怕是生命也就早早地放弃了他。不运转的大脑只会加速衰弱，死亡就会来得更快，所以努力抓住一切机会去思考，不仅是为了最大程度地实现人生价值，更是为了获得长寿。

季羡林先生曾多次说过：“一个人的生命只有一次，必须实现人生的价值，才能对得起这仅有的一次生命。”正是因为他让大脑处于不停的运动和思考之中，才使自己保持着旺盛的生命力，保持着无限的创作源泉，并在不断的学习和思考过程中，最大程度地实现了自己的人生价值。

抓住一切能够思考的机会

人都是有思想的，大脑是用来思考的，人既然活着，就不能放弃思考，应该抓住一切机会，多思多想，去实现生命的价值。俗话说得好，脑子太久不用就会变得迟钝，多思考，多动脑，也是有助于保证大脑活力的。

华罗庚说：“独立思考能力是科学研究和创造发明的一项必备才能。在历史上任何一个较重要的科学上的创造和发明，都是和创造发明者的独立地、深入地看问题的方法分不开的。”霍金的故事可谓众所周知、耳熟能详，他那番振奋人心的言论想必一定会长留青史：“我的手指还能活动；我的大脑还能思维；我有终生追求的理想；我有爱我和我爱着的亲人与朋友。”三根手指和一个能思维的大脑是霍金身上唯一能动的部件，如果换做任何一个人怕是很难有他今日这般的成就。可是霍金做到了，仅仅是三根手指，他便能用那个能够思维的大脑去操控，取得一项项惊人的成就。他抓住一切能够思考的机会，去思索，不放弃，努力实现自己的人生价值。

高尔基说：“懒于思索，不愿意钻研和深入理解，自满或满足于微不足道的知识，都是智力贫乏的原因。这种贫乏用一个词来称呼，就是愚蠢。”季羡林先生也提到：“千万不要让脑筋懒惰，脑筋要永远不停地思考问题。”如此看来，思考、动脑筋对于一个人而言是非常重要的。

成功者往往会在行动之前先深思熟虑，然后再去努力工作。所以在工作中，不要只知道去做事情，而要经常坐下来想一想。如果不能让出些时间去思考、制订计划、安排优先顺序，工作就会变得更加辛苦，也很难享受到聪明工作所带来的收益。只有思考得多了，脑子才会好使，人也会变得健康。

·8·

自然而然得长寿

对什么事情都不嘀咕，心胸开朗，乐观愉快，吃也吃得下，睡也睡得着，有问题则设法解决之，有困难则努力克服之，决不视芝麻绿豆大的窘境如苏迷庐山般大，也决不毫无原则随遇而安，决不玩世不恭。

——季羡林

像季羡林先生这样的知识分子，皆是劳心之人，他们从忧患岁月走到当今这个时代，迅速的时代转换和激烈的社会变迁都让他们身心上背负了沉重的担子。然而季老先生98岁高龄辞世，这证明了知识分子也是可以长寿的。

不要为了锻炼而锻炼

作为一名知识分子，季老一生珍视时间，如果让他牺牲宝贵的写作和学术时间去锻炼身体，那他是绝对不会同意的。所谓的“不锻炼”，并非是真的不锻炼，而是不刻意花时间去锻炼，为了锻炼而锻炼。所谓的“为了活着而锻炼”的观点，季老是非常反对的，他认为这种功利心理的锻炼不仅不会收到好的效果，反而会加重心理负担，得不偿失。

季老本人很热爱运动，尤其擅长乒乓球和游泳，但后来因时间紧迫而将爱好放在了一边很长时间。他一生致力于学术，时间总是很紧张，他几乎抓紧每一分每一秒来学习和写作。他在《罗摩衍那》的译后记中写道：“我现在恨不得每天有48小时，好来进行预期要做的工作。……我现在不敢放松一分一秒，如果稍有放松，静夜自思就感受到十分痛苦，好像犯了什么罪，好像在慢性自杀。”当季先生忙里偷闲，适度进行体育锻炼时，他大脑的高速运转仍在继续。即使在园子里幽静的小径上，他仍会边走边构思，在心中打腹稿。

所以，季先生主张的“不锻炼”不是指完全不锻炼，而是身为老年人，不要将延年益寿的目标永远摆在第一位，还是要有自己的生活。所以，不要让“锻炼”成为老年生活的唯一重心，而应该将其作为生活、工作的调剂品，在忙碌思考之余，感受一下流汗的快乐和自然的清新，在调剂中让自己的大脑迸发出更多思维的火花。

吃东西不要挑肥拣瘦

季老先生在吃上从不讲究，也就是“不挑食”。正如他总结的，“我吃东西从不挑肥拣瘦，物不分东西，味不分南北。只要适口，就能为我所用”。

季老还说过一个笑话，讲的是一名化学教授每次吃饭时都会仔细地计算卡路里和维生素的含量，每吃一顿饭所用的公式几乎相当于一次实验。这么注重营养平衡地吃下来，他长年花在吃上面的费用比别人高出几十倍不说，人还瘦得干巴巴的。季老对此很不认同，就像他说的，“我觉得好吃的我就吃，不好吃的我就不吃或者少吃。至于卡路里、维生素，统统见鬼去吧！”就像季先生说的，在吃上面如此讲究，必然会少了很多人生乐趣。在饮食上少一些禁忌，心理上负担也少一些，这样一来胃口自然就好了，吃进去的东西也消化得更好。

了解季老的人都知道，饮食方面他总是随性而为，想吃什么就吃什么，但是一直都保持着非常简单的饮食习惯，食材多以素食和粗粮为主。曾经有一位《北京晚报》的记者在季老先生家与他共进早餐和午餐，两顿饭都非常朴素：早餐是小米粥、腐乳和花生米，午餐则是馒头、白菜和大葱，此外午后还有一杯热气腾腾的绿茶。食物中季老最爱的是花生米和烤花生。虽然季老年纪大了，他仍装上假牙，继续嚼花生米；烤馒头片，季老也吃了好几十年，却从来不觉得腻。

保持“不嘀咕”的乐观心态

在“三不主义”的养生经中，季老长寿的最大原因恐怕就是他说的“不嘀咕”。虽然一生跌宕起伏，但他始终保持着乐观的心态，甚至打趣儿说：“见到马克思，绝对论资排辈。向前看，我还算不上排头，一点都不着急。倚老卖老呢，我还没有资格。”

季老一生饱经沧桑，二战期间曾经被迫滞留德国长达十年，与家中亲人一度断绝音讯。好不容易回到国内，又夫妻分居两地，妻儿老小都在山东，季先生一人孤苦伶仃漂在北京。然而，无论经历过多少坎坷和冲击，季老永远保持着坚定的信念，他犹如达摩面壁参禅般脱离纷纷扰扰的尘世，进入自身的“净土”。在最艰难的岁月里，他向知识浩瀚的海洋汲取养分，把《罗摩衍那》一节节抄在小纸条上，一字字、一行行地翻译，历经十年风雨，翻译完了共八册的《罗摩衍那》。如此豁达的心境和专注的信念，让他从苦难中超脱出来。

而且，季老对周围的人或事总是满怀爱心。他一生写下许多感情真挚的散文，在这些文章中我们总能读到他对故乡深深的依恋，对父母亲友的追思，对师长同学朋友的牵挂，甚至是北大燕园里一棵饱经风霜的老树被砍掉，他都觉得惋惜和不舍。他热爱动植物，家中总是种满花花草草，生机盎然，甚至对请托求字这样的小事也总是尽力满足。他心中永远充满了阳光和爱意，因此他的生活也格外温情和愉悦。

季老诗意的生活告诉我们，要想做一个长寿的人，首先要做一个乐观而豁达的人。

NO.7

每一秒钟都“不寻常”

——季羡林谈时间哲学

孔子曰："逝者如斯夫，不舍昼夜。"他以水的流逝来比喻时间的流逝，所谓流水不回光阴不再，每一秒钟都是不寻常的，正如季羡林先生所说："要待在人间，就要接受时间的制约，在时间面前，人人平等。"

季羡林先生是非常珍惜时间的，他会抓住所有的时间去进行自己的学术研究、写论文、写文章，每天早晨不到五点就起床读书，即使缠绵病榻也不放弃读书写作，他在学术研究方面的成就与他对待时间的观念与态度是密不可分的。本章将从珍惜时间、规划时间、合理利用时间等方面论述季羡林先生的时间哲学。

·1·

一寸光阴不可轻

要待在人间，就必须受时间的制约。在时间面前，人人平等。现在照样一抬头就看到书桌上座钟的秒针一跳一跳地向前走动，但是我的心却不跳了。我觉得这是时间给我提醒儿，让我知道时间的价值。“一寸光阴不可轻”，朱子这一句诗对我这个年过九十的老头儿也是适用的。

——季羡林

“一寸光阴一寸金，寸金难买寸光阴。”方入校园的稚龄小儿尚会奶声奶气地吟诵这样的谚语，季羡林先生这样的智慧大师也在接受采访时提到不要浪费任何一点时间，每一寸光阴都不应该被轻视。故而可知，时间是宝贵的，甚至是千金难买的。

一寸光阴一寸金

形容时间的成语有很多，譬如白云苍狗、白驹过隙、岁月如梭等等，这些词语无一例外地都在强调时间流逝之快。既然光阴易逝，那么自然需要分外珍惜。

季羡林先生便是一个非常珍惜时间的人，他忙于学术研究、忙于写作，甚至连心爱的乒乓球和游泳都无暇顾及。正是因为如此，季羡林先生分外珍惜时间，因为在他看来，任何一秒都是不应该被浪费的。季羡林先生在吃饭时、走路时、乘车时都不曾放弃思考学术问题，思考写作细节，甚至是在病床上输液的时候也反复推敲琢磨着本来已经定稿的资料，待输液结束，立刻顺着思路将文稿重新整理。季羡林先生尚且如此，更何况是常人呢？时间是宝贵的，每一分每一秒都应该得到合理的利用，做到了这些，又何惧无所成就呢？

对于学者而言，只有珍惜时间才能创造自己的价值，为人类文明的发展开拓新的知识天地；对于军事学家而言，珍惜时间就是胜利，是关系生死存亡的重要因素；对于经济学家而言，时间就是金钱，只有抓紧时间才能创造效益、创造财富。“一寸光阴一寸金”，无论于谁而言，时间都是非常珍贵的，都是不能浪费的，抓住时间，珍惜时间，这样才有资格把握成功。

一日之计在于晨

“时间是海绵里的水，使劲挤挤还是会有的。”这样的道理可谓耳熟能详，人们也都明白，时间就是掌中的细沙，如果不能好好把握，那么它们就会从指缝间悄悄溜走，可是又有多少人真正去珍惜时间了呢？季羡林先生谈到此处时曾经叹息道：“时间是抢出来的。”

闻鸡起舞的故事不用过多强调，可其中的道理不正在于“一日之计在于晨”吗？自古以来，举凡成大业者哪个是浑浑噩噩睡到日上三竿才起床的？只有抓住时间，分秒必争，才能成就自我。而早起也是季羡林先生一直坚持到老的习惯之一。他觉得在清晨呼吸着清新的空气，将大脑从沉睡的困顿中叫醒，让思绪自由运转，做自己喜欢的事情，简直就是人生之乐事。也许早起一小时在短时间内并没什么优势，可是时间是积累出来的，一天一小时，一年便是三百六十五小时。一小时也许很少，可是三百六十五小时便是超过半月之久了，要知道这半个月是能够全部用于工作或学习的时间，甚至不包括人体生理需要的时间。半个月不眠不休可以做些什么？细思极恐，让人不由叹息，不过是每天一个小时而已，积累起来竟然让人舌桥不下。

古人有诗云：“三更灯火五更鸡，正是男儿读书时，黑发不知勤学早，白首方悔读书迟。”只有珍惜时间，抓住时间，勤奋学习，才能有所作为。

时间就是生命

美国夏威夷岛上的学生们在上课时，总是先背诵一段祈祷词：“一个人的一生中只有三天：昨天、今天和明天。昨天已经过去永不复返，今天已经和你在一起，但很快也会过去，明天就要到来，也会消逝。抓紧时间吧，一生只有三天。”既然一生只有三天，那么就更要珍惜，因为每一秒的时间都带着生命逝去的声音。

俄国著名地理学家奥勃鲁契夫把每个工作日分成“三天”：第一天是从早晨到下午两点，用来安排重要的工作；第二天是从下午两点到晚上六点，用来做些比较轻松的工作，比如写书评或各种笔记等；第三天是从晚上六点到夜里十二点，用来参加会议、看书。在他看来，像这样把一天当作三天是对生命的延长。

曾经听过这样的一个故事：有一个年轻的女孩，在一次体检时被诊断出得了白血病，当所有人都以为女孩要被病情打垮时，她却奇迹般地“站起来”了，她经过一夜的思考后平静地去问医生她还有多长时间，医生说：“三个月。”女孩拒绝了在医院里等待死亡的保守治疗，她在详记医嘱之后开始了一个圆梦计划，带着一本日历，用最后三个月走了很多地方，做了很多原本计划给未来的事情。她没有害怕，没有茫然，每天用带着甜美笑容的双眼认真地生活，夜晚就在台灯下将这一天记录下来。最后，在她闭上双眼的时候，脸上的笑容里充满了释然。

其实，人的一生和三个月比起来只是时间长短上的差异，它们的宽度是一样的。女孩在最后的三个月里选择和生命去赛跑，她的每一分每一秒都过得无比充实，她的这三个月也许比有些人的三年、三十年过得还“富裕”。

时间对于每个人而言都是公平的，它不会偏袒任何人。那些只会抱怨命运不公平的人应该明白，时间不会等待他们，在他们埋头大睡、惶惶度日的时候，和勤奋的人比起来他们已经输了。所以说，时间是最公平的裁判，每一寸光阴都不应该被浪费，既然活着，就要过好每一秒的生活。

·2·

少年易学，老难成

我个人认为，抓学生思想教育，应该从小学抓起。回想我当年上小学时，有两门课很感兴趣，一门叫作公民或者修身，一门叫作乡土。后一门专讲本地的山川、人物、风土、人情。近在眼前，学生听起来有趣又愿听。讲爱国从爱乡开始，是一个好办法。

——季羡林

宋代著名的文学家、思想家哲学家朱熹在《偶书》中写道："少年易学老难成，一寸光阴不可轻。"这句诗的意思是说，年轻时学习效果最好，如果不珍惜少年的时光，等到老了才想起学习，就困难多了，所以哪怕是一点点的光阴都不要轻视。

花有重开日，人无再少年

我国古代不乏懂得珍惜时间的先哲，因此也留下了许多脍炙人口的名句，例如"一寸光阴一寸金，寸金难买寸光阴"、"少壮不努力，老大徒伤悲"。又如文徵明的《今日诗》、钱鹤滩在《今日》诗的基础上改写成的《明日歌》，这些名句诗篇无一例外地向人们阐述了时间的可贵，尤其是在少年的时候，更要珍惜时间，努力读书，这样才能有所成就。

晋朝时有一个叫孙康的人，家里虽然很贫穷，可是他却酷爱读书。白天他努力干活贴补家用，所以没时间读书，夜晚虽然有了时间却买不起灯油，只好默默地回忆、消化白天抽空学过的知识。有年冬天，孙康半夜醒来，发现屋外的雪居然能照亮本应该漆黑的屋内，隐约可以看见一些东西，于是他想，不如就借着这些雪光来看书吧。因为孙康从小就有珍惜时间、勤奋好学的精神，所以后来成为一个有名的学者，并当上了御史大夫。

花有重开日，人无再少年，人生只有一次年少时光，如果不在少年时抓紧时间，努力拼搏，等到老了后悔就晚了。所以，做人一定要珍惜每分每秒，珍惜每一次机会，努力完成人生规划，实现人生目标。

少壮不努力，老大徒伤悲

小学课本上便有“少壮不努力，老大徒伤悲”的诗句，告诉我们如果少年壮年时期不努力学习，等到老了就只能空悲叹了。为什么要这样说呢？那是因为少年时期是一生中最美好的时间，也是最容易学习的年纪，把握好这个时间，努力学习，积累知识，方可有所成就。

“少壮”是一个人青少年的时段，也就是从少年时代到成年时代，不到20年的时间，却是人一生中最宝贵的时期。青少年思想活跃，体力充沛，充满热情、勇气和进取精神，这一时期的人“敢想、敢说、敢干”。遍观古今中外的成功人士，大多都是在这一时期追求学业和事业，努力拼搏，最终取得巨大成就。如果一个人不好好利用这段宝贵时间，为实现个人的“雄心壮志”打下坚实基础，那么等到40岁以后，青春不再，体力精力下降，就更难有所作为。因为人生只经历一次青春蓬勃的二十年，所以大教育家孔子指出：“四十五十而无闻焉，斯亦不足畏也已。”他的意思是说，如果一个人到了40岁或者50岁，还没在社会上做成一点事，极其平凡，那么他一辈子就差不多是这样了。宋代民族英雄岳飞在《满江红》里表达了他对人生的态度：“三十功名尘与土，八千里路云和月。莫等闲、白了少年头，空悲切。”诗句给人有力的鼓舞和鞭策。

我们从少年时期开始树立远大目标，努力实现自我价值，为的不就是在自己垂垂老矣的时候不后悔吗？所以说少壮不努力，老大徒伤悲，要趁着为时未晚做出弥补，“人有坎坷，失于盛年，犹当晚学，不可自弃。”这说的便是这个道理。

少年易学老难成

大家都知道少年时期是人的一生中最适合学习的年纪，所以要抓住少年时光，努力学习，不要让光阴虚度。一个人纵使天赋异禀，但是如果他在应该学习的时候没有努力学习，那么总有一天会沦为众人，等到意识到错误的时候，后悔便已经晚了。

沈约是南北朝时期有名的史学家兼声韵学家，出身于破落的官宦之家。沈约13岁的时候，他的父亲在政治风波中被杀，从此沈约只能靠着亲友接济混口饭吃。可是沈约并没有因此而消沉下去，立志要振兴家门。虽然生活颠沛流离，他却在读书上下了很大的功夫，最终成为一代文学大家。沈约编撰的《晋书》《宋书》被列入《二十四史》，而他经过多年研究撰写的《四声谱》开创了中国声韵学研究的先河。

虽然说沈约没有惊人的天赋，也没有良好的学习环境，可哪怕是在最艰难的时候，他都没有放弃努力读书，最终完成了自己的志向，成为一代大家。如此可见，一个人是否努力学习与他日后的成就有着紧密的联系，如果不思进取，不注重后天努力，哪怕他有惊人的才赋也最终难以有所作为，犹如方仲永与江淹一般，最终江郎才尽。

“少年易学老难成，一寸光阴不可轻。”一个人只有抓住了时间，在可以读书的时候努力学习，不浪费任何一点时间，才能成就自我。人的一生是短暂的，每一秒都是上天的恩赐，所以每一秒都应该有它存在的价值，不要让任何一秒的时间浪费，趁着青春年少抓紧时间，努力学习，不要等老了才叹息光阴流逝，学问未成。

·3·
生死沉浮寻常事

人过了八十，金钱富贵等同浮云，要多为下一代操心，少考虑个人名利。等到非走不行的时候，就顺其自然，坦然离去，无愧于个人良心，则吾愿足矣。

——季羡林

谈起生死，智慧大师季羡林先生感慨道：“生死浮沉寻常事，乐将宏愿付青山。”这到底是一种什么样的人生境界？季羡林先生应该是想告诉世人这样一个道理：人的一生应该做些有意义的事，世间的荣辱与人生的沉浮只能让自己身心疲惫，何必去计较那么多，有时候大智若愚才能活得更好、更轻松。

人生自古谁无死

不知道文天祥在大唱着“人生自古谁无死，留取丹心照汗青”时，心中到底是怎样的悲切？又怀着怎样的愤慨？他在生死攸关的时刻选择赴死，应该已经参透了生死沉浮的真正意义。有人活着轻于鸿毛，有人死了重于泰山，正因为珍惜活着的时光，因而更看得起一死，不是随随便便结束生命，而是死得有意义、有价值。

生又何哀，死有何惧？生与死，看起来是两个字的差别，但却是两道难以跨越的鸿沟。

近代提倡女权的女民主革命志士秋瑾，1905年加入中国同盟会，1907年1月在上海创办《中国女报》，1907年7月15日于浙江省绍兴古轩亭口英勇就义，得年31岁。秋瑾的一生很短，可是却很精彩，她把生死置之度外，只专注于革命事业，她死了，可是她的精神活了下来。

所谓的人生自古谁无死，就是古希腊哲学家苏格拉底为了有意义的生而选择死，他在法庭上为自己申辩时曾说：“未经思索的人生不值得一过。”这句话说出了哲学的根本使命，那就是探索人生的意义，过一个有意义的人生。由此可见，苏格拉底是把生命的意义看得比生命本身更重要的人，他穷尽一生都在孜孜于思考、寻求和创造这种意义，如果要想他停止这种寻求，或者百般寻求却不能得道，那么他就活不下去。用苏格拉底自己的话来说就是：“必须追求好的生活远过于生活。”所以，当法庭要求以抛弃哲学为条件赦他的罪时，他拒绝了，于他而言没有哲学的生连死都不如，作为哲学史上因维护自己的思想而被定罪，并且为了思想而甘愿被处死的最早也最著名的一位哲学家，苏格拉底值得每一个人去尊重。

季羡林先生最佩服那些能够将生死看淡的人，而他自己亦清楚地领悟到了生死的真谛，生是上天的厚赐，死是生命的回归，原本就没有什么难以接受，所以对于生死不该执迷，要做到释然，生死浮沉寻常事，人生自古谁无死。

看淡浮生

都说浮生如梦，梦乃幻，幻即为空，既然一切为空，那又何须执迷？人活着就仅仅是活着罢了，得到多少又有何意义？只要让生命发挥出应有的色彩就好，不去觊觎本不该追逐的东西。世界上有很多事不是想控制就控制得了的，人生在世也有很多事是无法预料的，正所谓“我明智巧，不使智巧，浑浊若愚，岂不更智？”这样的境界不是每个人都能参透的，却是每个人都应该去追求的。生死浮沉本就是再寻常不过的事情，生有何欢，死有何哀？季羡林先生也曾说过，人真正该追逐的是生死之外的事，那才是人生的真正意义。

庄子病重得快要死了，因为家中不富裕，买不起棺椁，家人非常难过。但庄子却说：“你们不用给我准备棺椁，把我的尸体随意处理就行，我以大地为棺，以天空为椁，这样就很好了。你们担心我的尸体被财狼乌鸦吃了，那么把我埋在地里，被蝼蚁老鼠吃了，不也是一样吗？你们为什么要偏心蝼蚁老鼠呢？”庄子看来，人生就像一场梦，什么也不能带来，一生过得精彩就好。

有智慧的人一般都看淡生死浮沉，于他们而言，人生何必计较那么多，何况生与死都是人无法左右的，既然死亡不能改变，为何不坦然接受！在季羡林先生心里，无论生或死，都是寻常之事，每个人都要经历，没什么大不了的。活的时候追求和信念不改变，死的时候也没有什么遗憾，可以十分坦然。人生当中有起有伏，有生有死，拥有一颗平常心是至关重要的。曾国藩说：“未来不迎，当下不杂，既往不恋。”说的便是一种随时将人生归零的心态，只有看淡浮生，才不会存有执念，轻松活着，才能做一些有意义、有价值的事情。

生死浮沉寻常事

人生自古谁无死，生死是每一个人都要面对的人生课题。庄子的妻子去世时他鼓盆而歌的故事众所周知。恰如庄子所说：“古之真人不悦生也不畏死。”庄子不觉得生命在拥有时有多么可喜，也不觉得死亡来临时有多么可怕，在他眼里真正的君子对生死的态度从来是不刻意的，不追问自己从哪里来，也不担忧自己往哪里去，生和死只不过是一个形态的变化。

庄子的朋友子桑户死了，孔子派自己的学生子贡去帮忙处理丧事，子贡去的时候，看见一个人在织草帘子收拾灵柩，另外一个人在那儿敲琴，两人一起对着子桑户的尸体唱歌说：“真好呀！你现在已经回到本真了，而我们却还是人。”子贡非常不理解，回去问孔子，孔子说：“在他们的心里，生和死已经没有区别了，有没有这个身体形骸，对他们来讲是不重要的，所以一个朋友走了，两人就像是送朋友远行那样坦然。”

今天的人也许因为拥有得太多，在抉择的迷惑中会不堪重负，也就是说，有时候抉择越多，人生之累也就越多。如果能达到庄子那样的境界，大概世人都可以成为圣人了。

所谓的生死浮沉寻常事也许说的就是可以在有生之年真正做到乐生，做到顺应，做到当下的快乐吧。不执迷于生死，活好每分每秒，在生死大限来临的时候，能有一份微笑的坦然。这样的境界定然是常人难以抵达的，恰如季羡林先生所说，能看淡生死的大都不是凡人。

·4·

抛开“老”的包袱

老年人不必“倚老卖老”，青年人也不必“倚少卖少”。老年人当然先走，青年人也会变老。如此循环往复，流转不息。这是宇宙和人世间的永恒规律，谁也改变不了一丝一毫。所谓社会的进步，就寓于其中。

——季羡林

季羡林先生在《老年谈老》时说，我自己和一些朋友都已经是老人了，我曾经观察过许多老人，虽然寿登耄耋，老态龙钟，但仍然勤恳好学，忙忙碌碌，没有一天是懒散的。他认为，身体虽老了，但心灵可以不老，智慧更是越老越丰富。因此我们到老的时候，都应该抛开“老”包袱。那么何为“老”？又何为“老包袱”？

老之未老

季羡林先生曾在自己的文中反对人们对老年人提老，在他看来老龄化是自然趋势，而且是无法制止的现象，既然无法制止，那就不必徒劳无益地去瞎嚷嚷。其实事实也是这样的，一个人如果总是被别人说老，那么久而久之，连他自己也会觉得自己老了；反之，一个人哪怕已然年老，可是只要他依然有一颗年轻的心，不服老，不觉得自己老，那么他就真的不会显露出老态。

春秋时期的烛之武满腹经纶，但一直没得到重用，几十年来一直在郑国当一个养马的小官。到了他70多岁，秦晋两个大国合攻郑国，因此郑国要选派一人前往秦国谈判交涉，郑国官员无人愿意出使，此时的烛之武已经须发皆白，身子佝偻，但他毅然挺身而出，前往敌国，在强秦面前不卑不亢、慷慨陈词、能言善辩，最后使得秦国从郑国退兵。晋国见秦国退兵，自己也得不到什么好处，因而一场合攻战役被瓦解了。

烛之武70多岁了，没有回家去安逸养老，而是锐气未减，关心国家政事，凭借自己的才能和智慧为郑国解除忧患。因此，老人年纪虽大，但心态和意志可以不老，仍然能够奋发图强，建功立业，对社会和国家做出巨大贡献。

所谓的老之未老，便是不服老，不认为自己老，要敢于抛开“老”这个包袱。第一个老者正是因为抛开了“包袱”，才以老年人的年纪凭借年轻人的心态活出属于自己的精彩；而第二个老人早就形成了自己已经垂垂老矣的潜意识，小心翼翼地把自己活成一个安分的老者，长此以往，就算他的年龄未老，也会被苍老的心态带老。

抛开“老”包袱

仔细观察一下我们周围的老者，不难发现，那些所谓的老指的只是一个人身体的老去，而他的信念、追求是永远都不会变老的。事实上，年龄的衰老并不可怕，可怕的是内心和精神的衰老。要想彻底地抛开“老”包袱，就要做到季羡林先生所说的那样：不要服老，不要认老，不要让生命因年老而尘封。

众所周知，肯德基的创始人山德士近60岁时仍一贫如洗，每月只依靠105美元的救济金生活。但他不想就此结束自己的一生，他对自己说：“政府每个月给我105元，让我勉强过活。必定有一些事，是我能为自己和为别人做的。”因此他带上一只压力锅，一个50磅的作料桶，开着他的老福特车上路了。一头白发的山德士身穿白色西装，打了黑色蝴蝶结，打扮成南方绅士的样子，从肯塔基州到俄亥俄州，在饭店门口兜售他的炸鸡，为人演示炸鸡方法。在他62岁时，美国第一家肯德基餐厅开业，越来越多的人喜欢他的炸鸡，山德士很快成了富翁。在很多人看来，这位老人生活无忧了，也该好好歇一歇，但他从来不知疲倦，主动担任了“肯德基”的发言人，在全球广泛宣传肯德基。他每年要经历长达25万公里的旅行，推销肯德基炸鸡，直到他90岁高龄患病逝世。他的年龄和财富都没影响他对工作的热情，即便年老仍然孜孜不倦地经营事业。当人们不理解他为什么那样勤奋时，山德士说：“人们多半因为闲散而生锈，真正精疲力竭的人并不多，如果让我老来闲散，就如同下地狱一样。”

季羡林先生晚年说自己虽是一个耄耋老人，而且几经命运的坎坷，但仍然不必背负“老”的包袱，勤奋工作，认真生活，心态平和，仍可以向世人诠释何为老当益壮。“老骥伏枥，志在千里。”年老不是放弃努力、放弃梦想的借口，一个人纵然已经年老，也要抛去“老”包袱。在追求梦想的道路上永远没有年龄的门槛，秉烛夜读也未为不可。

·5·

纵浪大化中，不喜亦不惧

多少年来，我成了陶渊明的信徒。他的那一首诗："纵浪大化中，不喜亦不惧。应尽便须尽，无复独多虑。"我感到，我现在大体上能够做到了，对生死之事，我确实没有多虑。

——季羡林

"纵浪大化中，不喜亦不惧。"季羡林笑着说这就是他对待老年的态度。这句话出自东晋诗人陶渊明的《形影神赠答诗》，"大化"所指的是天地变化的整个历程。这句话即是说做人要归化于自然，不必有意识地追求生命以外的东西，也就是说要去追求不求解脱的解脱。

纵浪大化中，不喜亦不惧

季羡林先生曾经解释说，"纵浪大化"也就是返回自然，其意义包括返回外在自然和内在自然两个层面。

陶渊明出生在一个没落的官僚家庭中。尽管如此，陶渊明依旧受到了很好的家庭教育，他博览群书，养成了厌恶虚荣、不贪富贵的高洁性格。29岁时，陶渊明谋得江州祭酒一职，却因忍受不了官场的繁文缛节，早早辞了官。35岁时，他到了荆州，在刺史桓玄属下当一名小吏，不到一年工夫又因母亲去世辞官。41岁时，他又被推荐到彭泽任县令，然而又因为时局及一副傲骨，他“不愿为五斗米而为乡里小儿折腰”再度辞官。从此，陶渊明在家乡过着隐居生活，对于官场丝毫没有眷恋之心，辞官后，反而有一份重获自由的怡然自得。

对陶渊明来说，返回外在自然就是弃官归隐，享受山水田园之乐；返回内在自然则是实现与天地合一，与自然同节律，让生命随大化而永在。

坎坷一生，不喜不惧

季羡林先生认为，鲜花似乎没有什么悲欢离合。应该绽放时，它们就绽放；应该凋谢时，它们就凋谢。它们是“纵浪大化”中，一切顺其自然，自己无所谓什么悲喜。这些对生活的领悟并不是消极和自我放逐，就像“人吃饭是为了活着，但活着不是为了吃饭”一样，都具有深刻的哲理和内涵。人生中有些事情必须经历，无可避免，就算有许多艰难困苦，也要能承受得住，总有一天能达到不喜不惧的境界。

“应尽便须尽，无复独多虑”是季羡林先生的座右铭，这句话是说无论身处怎样的环境中，也难免会有人际交流的障碍，既然不能凭借一己之力去化解，倒不如退而求其次去选择“逃避”，学着理清思路，更要学着排解烦忧，最后归于内心的自省与宁静。

季羡林先生很看重知识分子的骨气，而且经常拿“贾桂思想”来自嘲和晾晒自己。贾桂是京剧《法门寺》里的一个小太监，奴颜婢膝，善于阿谀奉承。比如人家叫他坐着，他说他不会。季羡林先生认为，很多知识分子的头脑当中都有“贾桂思想”，他说：“有这种思想固然是一种没有骨气的表现，但如果不能认识到或者说出来则更为可耻。”所以季羡林先生襟怀坦荡，绝不做过多的自我修饰。

一般来说，一个人活得越长久，就越容易使自己活得虚幻，尤其是那些社会贡献大、有社会影响力的人更是如此。然而季羡林先生直至仙逝仍然能保持清醒，这才是真正令人景仰佩服的。

季羡林一生中经历了数不尽的颠沛坎坷，饥饿、黑暗、战争都曾威胁到他的生命。然而对于他而言，人生经历是黑与白的交织，是爱与恨的历练。从身体到思想上的磨练，可以令人不喜不惧，最后做到任凭世事变化而自己“宠辱不惊”。因而，他非常欣赏“纵浪大化中，不喜亦不惧”，说做人要归化于自然，不必有意识地去追求生命以外的东西，而要去追求放达自然的解脱。

·6·

让时间不再“害怕”东方

现在我眼前摆上了座钟，它的秒针一跳一跳，让我再清楚不过地看到了时间的流逝，焉能不心跳？焉能不兴叹呢？

——季羡林

时间是什么？时间是生命的组成，是成功的路程，是岁月的砖块。那又为何要说让时间不再害怕“东方”？智慧大师季羡林先生曾经说过，每一秒都是不寻常的，我们知道，太阳从东方升起，东半球的时间也早于西半球，所以东方便可以被喻为开始，时间的开始。让时间不再害怕东方也就是不惧时间的流逝，坦然地面对时间，而要做到这一点，只有珍惜每一分每一秒的时间，无愧于它，才不会害怕它。

时不待我

“明日复明日，明日何其多。我生待明日，万事成蹉跎。”一首《明日歌》正确地诠释了何为时不待我。古人常把时间比作黄金，可是黄金有价，时间无价，时间是金钱买不到的，纵然说一寸光阴一寸金，可是仍然不能忽视的是寸金难买寸光阴。

伟大的思想家和文学家鲁迅，非常珍惜时间，他曾经说过：“时间就是生命，无端地空耗别人的时间，其实无异于谋财害命。”鲁迅对时间的珍惜可谓是令人叹服，他把别人喝咖啡、谈天的时间都用在了工作和学习上。他还以各种形式来鞭策自己珍惜时间，刻苦学习和工作。鲁迅先生的北京故居里挂着一副对联，是屈原的两句诗：“望崦嵫而勿迫，恐鹈鴂之先鸣。”用此来提醒自己珍惜光阴。

正是基于这种惜时如命的精神，鲁迅在他56岁的生命旅途中，广泛地涉及了自然、社会科学的许多领域，一生著译1000多万字，留给后人一份宝贵的文化遗产。季羡林先生也曾感慨时不待我，既然时间不会去等任何一个人，那就学会珍惜它，让从你手上流逝的时间不会被荒废，让每一分每一秒都能体现出属于它自己的价值。

时间就是生命

富兰克林说：“你热爱生命吗？那么请别浪费时间，因为时间是组成生命的材料。”如果说时间就是生命，那么浪费时间就是浪费生命。时间对于每一个人而言都是公平的，可是每一个人对待时间的态度却是不一样的，珍惜时间的人把时间当作生命，虚度时间的人却总是找借口让时间流逝。

有两位病人，都是鼻子不舒服。在医院等待化验结果期间，甲说，如果是癌，立即去旅行，乙也表示有自己的计划。结果出来了：甲得的是鼻癌，乙长的是鼻息肉。甲列了一张告别人生的计划表离开了医院，乙住了下来。甲写道："我的一生有很多梦想，有的实现了，有的由于种种原因没有实现。现在我的时间不多了，为了不遗憾地离开这个世界，我打算用生命的最后几年去实现那些尚未实现的梦想。"两年后的一天，乙在报上看到了甲写的一篇散文，就打电话去问甲的病。甲说："是这场病提醒我，去实现自己想去实现的梦想，去珍惜生命与人生。"乙听后默默地挂了电话，因为他自己住院时，也曾经像甲一样，想珍惜生命去实现一些梦想，但等他病好之后，这些事情都抛到脑后去了。

在这个世界上，每个人都患有一种癌症，那就是死亡。如果能够列出一张生命的清单，抛开一切多余的东西去实现梦想，去做自己想做的事，便能让生命有所不同。时间就是生命，有些人把梦想变成了现实，让剩余的人生为梦想而活；有些人却只能把梦想带进坟墓，因为他没有珍惜比生命还珍贵的时间。

不惧流光

世人常叹"人生有涯"，又常恨"时光太匆匆"，更是将时间管理与人的生命联系起来。睿智如孔老夫子也曾经站在河边对着湍急的水流喟然长叹："逝者如斯夫，不舍昼夜！"可见时间易逝，所以要学会珍惜它，让它创造出等同生命的价值，那时候便不会再怕时间流逝，因为于其而言，此生足矣。

季羡林先生在生命的最后也曾表示，自己的这一生已经没有遗憾了，因为他没有浪费生命，他的生命创造出了属于自己的价值。也只有像他这样的人才能如此坦然地面对时间的流逝，不慌不惧，因为他没有辜负时光。而当孔子见到他的一位弟子在白天睡觉的时候，他给了那位弟子全方位的否定：“朽木不可雕也。”他连连叹息，如此不珍惜时间的人会被时间惩罚，当生命走到尽头的时候，在荒废时间的人眼里会充满恐惧。

古语有云：“流光容易把人抛，红了樱桃，绿了芭蕉。”时间可以说是这个世界上最充分、最公平的资源，每个人都拥有24小时的一天，然而时间又是世界上最稀缺的资源，每个人的每一天只能拥有24小时。就如彼德·杜拉克所说：“时间是最高贵而有限的资源。”季羡林先生也不止一次地强调时间的珍贵，一个人若要不惧流光，那就用你拥有的时间去创造生命的辉煌。

不要让时间再害怕“东方”，珍惜每一分每一秒的时间，别再浪费任何一点时间，让每一寸光阴都拥有属于自己的光彩，那么当“东方”明亮，当新的一天到来，当生命走向终结的时候，便不会有任何的惧怕，对生死完全释然，这是属于成功者的骄傲。

·7·

珍惜时间的“边角废料”

我现在过日子是以天计，以小时计。每一天每一个小时都是可贵的。我希望真正能仔仔细细地过，认认真真地过，细细品味每一分钟、每一秒钟都不“寻常”。

——季羡林

季羡林先生说：“要珍惜时间，就算是一点边角料也得珍惜。”那么什么是边角料呢？拿一块木板，裁出自己想要的图形，剩下的不能再利用的部分就是边角料。而季羡林先生所说的珍惜时间的边角料的意思则是，把那些用来做“大”事情所剩下的时间合理地利用起来。

惜时如金

时间是海绵里的水，挤挤还是会有的。时间又是掌中的细沙，如果不能好好把握，它们就会从指缝间悄悄溜走。有人觉得可以睡两三个小时懒觉，有人觉得两三个小时可以学习很多东西。勤奋者选择珍惜时间，惫懒者选择浪费时间，结果就是，好好利用时间的人，比浪费时间的人获得更多知识，久而久之，积少成多，自然而然就会走向成功。

成功与积累大有关系，利用零碎的时间积累知识和经验，对于成功来说至关重要。著名数学家苏步青教授把整段时间称为“整匹布”，在他看来要搞大一点的科研项目，用“整匹布”为最好，可事实上，对于苏教授而言，他的“整匹布”是不多的，所以他常在“零头布”上动脑筋。正如他所言：“别看零头布零零碎碎的，但是聚沙可以成塔，时间也可以积少成多。”出差路上，开会间隙，都是他的“零头布”，他出版的好几部数学专著也都是由“零头布”凑成“整匹布”的。

有人说，判断一个人是否能成功，就要看他每天晚上做了什么。浪费时间的人晚上通常看肥皂剧、上网、打游戏、泡吧、闲聊，或者忙活一些家中琐事，不会将宝贵的时间用在学习工作上。季羡林先生珍惜时间是出了名的，他每天忙于学术研究和写作，不仅充分利用晚上的时间，而且连清晨的时间也不放过。每天早上四点钟起床，读书写作3个小时，这已经成为他多年养成的习惯，即便在生病住院期间也是如此。季羡林先生有很多爱好，尤其非常喜欢乒乓球和游泳，有时为了珍惜时间读书写作，只能将爱好抛置一边，无暇顾及。正因为如此，他分外看重生活中零碎的时间，任何一秒都不浪费。吃饭、走路、乘车、躺在病床上，他都不曾放弃思考学术问题。

时间是每个人都拥有的东西，但对于每个人的价值是不同的。在一些人身上，每一秒钟的时间都能产生巨大的财富和价值，他们的时间无比珍贵。但在另一些人身上，时间是最不值钱的，他们整日无所事事，因而一事无成。对于每个人而言，时间的分配都是公平的，每天24小时，每年365天。可是当下社会中，却有很多人生活麻木，整日浪费时间，却抱怨命运不公平。这样的人应该反思一下，在他们懒惰度日，埋头大睡的时候，勤奋的人在做什么？

积少成多

有些人总是感叹时间不够用，连记个单词的时间都没有。其实是他没有利用好时间，例如在等早餐途中，上下学路上去记单词，就不失为一种利用时间的好办法。如果一天能记住十个单词，那么十天一百，一个月三百，一年三千六百。像季羡林先生说的那样，把零碎的时间整理起来，做一些小事情，积累得多了就是大事情了。

东汉年间有一个叫董遇的人，他虽然资质鲁钝却非常爱好学习，久而久之也有所成就。于是有人问他是如何学习的，他说："必须自己先读百遍。"又说："读书百遍，它的道理就自然清楚。"那人又问："书读百遍自然是有道理的，可是哪里又有那么多的时间呢？"董遇解释说："应该利用'三余'来进行学习，冬天是一年中的空余时间，夜晚是一天中的空余时间，阴雨连绵的日子是农作的空余时间。"时间就是这样，积少成多，董遇的三余读书法所蕴含的就是这样的道理，一天之中，一年之中，总是有一些零碎的空闲时间，将这些时间利用起来，每次学一点，经过长年累月的积累，学到的知识自然也会积少成多。

在某大学的"时间管理"课上，教授把鹅卵石石块放在一个罐子里问学生："你们说这罐子是不是满的？""是。""真的吗？"教授说着又拿出一袋碎石子倒下去问学生："你们说，这罐子现在是不是满的？"这回他的学生不敢回答得太快，只有几个学生小声嘀咕道："也许没满。""很好！"教授说完后，又拿出一袋沙子，倒进罐子问学生："现在你们再告诉我，这个罐子是满的呢？还是没满？""没有满。"大家很有信心地回答说。"好极了。"教授又拿出一大瓶水，把水倒进罐子。当这些事都做完之后，教授问同学："我们从上面这些事情得到什么重要的启迪？"

教授想要说什么呢？时间就像那个罐子，而倒进去的鹅卵石、碎石子、沙子和水就是“时间安排”，当计划是鹅卵石的时候，也许很多人会认为装满鹅卵石的罐子满了，也就是说时间安排满了，可是往往被人忽视的是那些缝隙里还可以装进去碎石子、沙子和水。同理可得，时间的边角料也是可以累积起来的，大大小小的事情可以填满每一分每一秒的时间。

珍惜时间的边角料

季羡林先生告诫世人要珍惜时间的边角料，不要因为多而浪费它，不要因为少而忽视它，他谈到此处时曾经叹息道：“时间是抢出来的。”

自古以来，成就大业者多半是精力旺盛的人，所谓的精力旺盛，就是能够抓住每一分钟的时间，全心投入学习工作，废寝忘食，甚至每天睡觉的时间不超过5小时。这种精力旺盛的拼搏劲头不是与生俱来的，而是在不断的勤奋努力中积累形成的习惯。凡是每天浑浑噩噩睡到日上三竿的人，成功的可能性微乎其微。只有抓住时间，分秒必争，才能成就自我的梦想。季羡林先生说，清晨的时候最安静，空气也最新鲜，很容易将大脑从困顿中叫醒，让思绪自由运转起来，而且一大清早，不用担心有电话来吵，所以这时候能全神贯注做自己喜欢的工作，每天清晨读书写作，简直是人生的一大乐事。

时间发挥的作用需要积累，日子久了就能显现出来。每天早起一小时，阅读书籍，学习外文，短时间内看不出什么优势，可是一旦积累起来，一天一小时，一年是三百六十五小时，已经超过半月之久。仔细想一想，半个月的时间可以阅读很多书，认识很多生词。如果是5年呢，10年呢，仅是这样微不足道的一小时，就可以让人成为一个博览群书的雅士。因此，零碎的时间虽不起眼，但是积累起来，也是让人咋舌的。

很多人惊叹于季羡林先生学问深厚、著作等身，他在接受采访时却说，“事实上，我并不是一个聪明人，更不是什么天才。我的经验就是，不要浪费任何一点时间，把每一份边角时间都利用起来，不断努力，总会获得一些东西。”生命是由时间构成的，珍惜时间就是热爱生命，哪怕是边角料时间也不能轻易放过。当我们把时间看作宝贵的东西，时间就会为我们带来数不尽的财富。

NO.8

幸福是灵魂的一种香味

——季羡林谈幸福哲学

幸福是指一个人的需求得到满足而产生喜悦快乐与稳定的心理状态，它可以划分为四个维度，即满足、快乐、投入和意义。一个人幸福与否是由很多方面的条件决定的，而他幸福的层次也是多重的，那么幸福又该如何具体衡量呢？什么才是幸福呢？本章将从家庭的幸福、婚姻的幸福、个人的幸福三个角度入手，带大家在季羡林先生的哲学与智慧里体味真正的幸福。

·1·

温馨，家庭不可或缺的气氛

大千世界，芸芸众生，除了看破红尘出家当和尚的以外，每一个人都会有一个家。一提到家，人们会不由自主地漾起一点温暖之意、一丝幸福之感。

——季羡林

冰心说："一个美好的家庭，乃是一切幸福和力量的根源。"而在一个家庭中，温馨是不可或缺的气氛。什么是温馨的气氛？就是家庭中充满温暖与和睦，夫妻互相支持理解，相敬如宾，父母对子女慈爱，儿女对父母孝顺。这样的家庭环境是一个人走向社会的坚强后盾，不仅有利于个人的成功，而且能够让人有莫大的幸福感。因而，季羡林先生也说："温馨也就是温暖，一个家庭中满溢温馨的气氛，就能结出幸福的果实。"

家是爱

不论是年幼的孩子、离家的游子还是颐养天年的老者，不论是坚强的战士还是迷途的罪犯，在提起"家"这个字眼时都会露出温暖的微笑。对于每一个人来说，家都是心灵的港湾，是生长的摇篮，是一个人内心最柔软的地方。男女因彼此相爱而组成了家庭，并且使爱延续下去。所以说，因为有爱才有了家，有了家才会把爱和幸福进行到底。同时，家也是个人获取力量的源泉，无论有多少道难关，多么辛苦，充满温馨和爱的家园永远是栖息疗伤的港湾。

在卢旺达内战期间，有一个叫热拉尔的可怜人，他的父母、兄弟、姐妹、妻儿几乎全部因战争而丧生。可是，他不相信他的家人都不在了，他历尽千辛万苦，到处打听询问，最后不顾战火，冒着生命危险终于找到了自己的女儿。当他把女儿搂在怀里的时候，忍了许久的眼泪奔涌而出，他开心地哽咽道："我又有家了。"父母、兄弟姐妹齐全的人很难理解热拉尔为何会如此执着于寻找亲人。可是，家是一个人最原始的依靠，也是一个人最后的归宿，不论走多远，只要有家，便会有人牵挂，便会觉得温暖。世界上永远都不可能会有一个地方能够比自己的家更舒适，无论那个家是多么的简陋。

温馨的家是一个充满亲情的地方，是委屈、痛苦、遭遇困难时的避风港，一个人不论在何处漂泊，只要有家，就有港湾，就不会失去人生的方向。

家是幸福

列夫托尔斯泰说："幸福的家庭都是相似的，不幸的家庭各有各的不幸。"的确，幸福的家都是相似的，因为这样的家庭是充满爱与温馨的，是让人觉得温暖的港湾。所以，对于人们来说，家就是幸福，提到家就会想到幸福。

哥本哈根的比斯珀比约医院的研究人员，曾经通过对近六百人长达十年的追踪研究发现，无家可归，暂住在旅店里的人最有可能早死。通过研究发现："无家可归的人，尤其是年轻女子，早死的概率是一般人的4倍。"负责这项研究的梅雷特·诺登托夫特说："在无家可归的人群中，几乎所有年龄层的人，死亡率都是普通人的4倍。”除去滥用药物、车祸和其他尚不清楚的原因之外，这些人中有极大一部分人都是自杀而死的。据诺登托夫特介绍，很多无家可归的人都有精神方面的问题，但大多数都没能得到治疗。其他引起早死的原因是儿童时期的不幸经历，比如父母去世、镇痛剂的滥用等。

这些人是没有家的，所以他们不能获得幸福。正是因为缺少心灵的寄托，他们容易因爱的缺失而获得精神疾病；正是因为缺少父母的呵护，缺少家庭的保护，这些人才会因那些不幸经历而丧生。如果他们有家，就不会选择自杀，不会遭受虐待。由此可见，家是幸福，是温馨，是人人向往、人人需要的港湾。

家是温馨

如果要问对于一个家庭而言什么是最重要的？那一定是温馨的家庭环境以及和睦的家庭关系。俗话说：“顾家的男人才是好男人。”而现实中，不论男女，只要是为自己的家而努力的人，都会获得幸福，没有人不想拥有一个温馨的家庭。

英国《卫报》曾经披露，来斯科尔斯因自己的妻子克莱尔怀上了第三个孩子而选择从国家队退役，他表示自己是为了家人而忍痛离开国家队的，因为他把他的家人摆在了英格兰国家队之前，家对于他来说是很重要的存在。不论英格兰球迷感到多么遗憾，曼联主教练弗格森以及队友都对斯科尔斯的决定表示热烈欢迎，这个把家看得高于一切的男人最终放弃了自己的事业，选择了自己的家庭。而他的选择也得到了国民的理解，在某些势力试图借此抹黑斯科尔斯时，他的教练、他的朋友、他的粉丝都对他表示了强烈的支持，他们说：“我们要尊重他的选择，我想有时伟大的男人并不一定要出现在战场上，在孩子身边的父亲才是最伟大的。”

当一个人结束一天的辛劳，拖着疲惫的身子回到家时，看着温暖的灯光，关心自己的家人，无论有多少委屈和疲惫，都可以在一瞬间消散。所以说家是一个温馨的地方，无论拼搏多久，走得多远，人们总是眷顾着自己的家。

季羡林先生曾经在文章中提到自己因不能在母亲垂垂老矣时承欢膝下而后悔，他也曾因长达13年之久不能与儿子见面而痛苦。如果一个人连家都没有了，那他所做的努力还有什么意义？如果一个家庭只剩下冷漠，没有了温馨，那又何以称为家呢？

·2·

忠诚，爱情幸福的基石

我认为，在爱情的某一个阶段上，可能有纯真之处。否则就无法解释日本青年恋人在相爱达到最高潮时有的就双双跳入火山口中，让他们的爱情永垂不朽。

——季羡林

古人有言：“食色，性也。”季羡林先生在自己的散文中提到：“世人对爱情的态度可以笼统分为两大流派：一派是现实主义；一派是理想主义。”在季羡林先生看来，不管是没有把爱情神秘化、理想化，干净利落、直言不讳地评价感情的现实主义爱情，还是罗曼蒂克式浪漫美好的理想主义爱情，它们都有一个共同的爱情基础，那就是忠诚。

忠于彼此

在实际生活中，想要保持婚姻家庭的幸福，除了需要双方具有相同的家庭观念外，更多地则体现在保持忠诚、抵御外界的诱惑上。季羡林先生也说过，在爱情里，最需要的是忠诚，忠于彼此，忠于爱情。

有一对即将举办婚礼的年轻人，他们手挽着手讲述他们的爱情故事。他们两个从高中开始恋爱，可是因为学校和家里的双重反对，女孩被迫转学，可是他们并没有因此而放弃爱情，用每月一封的书信鼓励彼此。大学时他们终于到了同一个城市，虽然没在同一个学校，可是他们多了每周一次的见面机会。大学毕业后男孩决定考研，女孩开始了工作，他们的爱情依然继续，现在他们终于可以牵着彼此的手走入婚姻的殿堂。在他们长达十年的爱情长跑里，支撑他们的是忠于彼此的爱情观念。不是没有争吵，不是没有矛盾，可是他们始终忠于彼此，不被外界的花花世界迷失本心，他们坚守着爱情诺言，最终获得了从学生时代就开始向往的幸福。

在爱情里，忠诚是很重要的，所谓的毕业季即分手季，所谓的七年之痒，都只不过是失去忠诚之后的虚伪托辞罢了，真正的爱情里是没有变心的。不论是现实主义还是浪漫主义，只要忠于彼此，忠于爱情，终有一日会迎来幸福的结局。

忠于爱情

爱情是什么？在现实主义者的眼里，爱情是面包牛奶，是生活里不可缺失的一个组成部分。在浪漫主义者的眼里，爱情是心灵的慰藉，是存在于彼此内心的秘密花园。

在巴西，曾因一名男子与两名女性的婚姻关系得到政府批准认可而引发全球热议。有很多人对此提出了批判与质疑，也有人称这是对人权尊重的进步。事实上，世界上大部分国家和地区都遵行一夫一妻婚姻制度，虽然也有一些地区存在一夫多妻现象，但多半与当地的风俗习惯、宗教因素有关。社会学者的研究表明，一夫一妻是最和谐的婚姻关系，能使爱情持续的时间更久，夫妻感情和家庭氛围更加稳定和谐，家庭成员的精神状态和心理状况也更为健康。

由此可见，感情里需要忠诚，感情是两个人的事情，感情是无法分享的，平衡、平等的爱情关系更加有利于家庭和美、感情稳定，人们在这样的婚姻中更容易获得精神上的归属感。忠于本心的爱情是真正的爱情，忠于爱情的本心也是幸福的本心。

彼此信任

信任是爱情里非常重要的要素，拥有信任能让爱情和家庭免去许多无关紧要的猜忌和怀疑，让爱情世界里的彼此更加坦诚地相待。如果确定要和一个人一辈子在一起，那么在付出爱的同时也请付出信任，相信那个人对爱情也是忠诚的，相信那个人会给你说好了的幸福。

有一对年轻情侣，两人本来已经打算谈婚论嫁，但是为了未来更加幸福，他们决定暂时分开各自打拼。因为不在一个城市里工作，过了一段时间后，女方开始怀疑男方，不仅查男朋友的所有信息痕迹，还半夜三更打电话问他在哪里，稍微有一点不对，就打电话给男朋友进行质问。终于男方的耐心被耗尽，他工作繁忙，压力巨大，需要的是女朋友的信任和安慰，以及两人一起努力为以后的幸福打拼。可是女方依旧无法安心，她辞掉自己的工作，跑去对方的城市里。慢慢地，他们每天争吵，两人都忘了曾经是多么相爱，互相埋怨对方。就这样，两人多年的感情终结了，他们的爱情因信任的缺失而枯萎。

在爱情世界里最忌讳的是猜忌，如同季羡林先生所说，两个人既然彼此相爱，又为何要用猜忌的利刃伤害彼此？既然相爱，就要理解彼此；既然相爱，就要更加坚信彼此的忠诚。

季羡林先生晚年时经常会说起自己与夫人的平淡生活，他们没有轰轰烈烈，可是他们忠于彼此，忠于感情，家庭生活于他们而言是幸福的。他们那一代的人，很少有自由恋爱的婚姻，但双方对家庭和婚姻的忠诚，却是后代年轻人比不了的。只要有忠诚，他们会在细水长流的婚姻中培养出爱情。忠诚是爱情的基石，也是家庭幸福稳固的堡垒。

·3·

幸福婚姻，要有契约精神

在中国，我们创造了一个月老，他手中拿着一条红线，谁被红线拴住，不管是相距多么远，天涯海角，恍若比邻，二人必然会走到一起相爱结婚。

——季羡林

“我能想到最浪漫的事，就是陪你一起慢慢变老。”这句歌词怕是唱出了许多恋爱男女的心声，可是在爱情的世界里，真的要陪伴彼此到老却绝对不是简单的事。季羡林先生曾说：“幸福的婚姻需要有一种契约精神。”这里所说的爱情契约并不是冷冰冰的条例契约，所谓的爱情契约是满载着温暖甜蜜的。

时常赞美彼此

男人通常都是大男子主义，在外面与亲朋应酬的时候会表现得比较霸道，而女人同样会虚荣，也需要被捧得很高，都想做婚姻里的女王。然而面子是别人给的，脸是自己丢的，与其费尽心思地去压倒对方，倒不如学会赞美彼此。

男人最重要的是要懂得欣赏，善于发现妻子的美，并懂得赞美。男人在亲朋好友面前要多夸奖自己的妻子，这样的话妻子就会得到更多人的赞美，这样既满足了女人内心的虚荣，也让她因被爱而欢喜。而女人也是一样的，在亲朋好友面前也不要总是抱怨，不要将自己的丈夫贬得一无是处，夸奖会满足男人的自尊心，会让他们更加自信。

在婚姻里首先要遵守时常赞美彼此的契约，赞美不是多么难的事，可赞美彼此却能让对方感受到来自另一半的欣赏与深爱，这样有助于加深婚姻的幸福感。季羡林先生说过，没有谁会愿意被批评，没有哪一个男人不想得到自己妻子的崇拜、依赖，没有哪个女人不想得到来自丈夫的赞美。所以，学着赞美，赞美彼此。

每天都说“我爱你”

丈夫如果可以在每天早晨收拾妥当出门之前转回身，给妻子一个拥抱，说一声“我爱你”。妻子在丈夫下班时听见开门声，无论在做什么，都放下手边的事情跑过去，给丈夫一个拥抱，说一声“我爱你”，这样就会维系婚姻的美好，让爱情之花绽放得更长久。夫妻之间最难的就是沟通，好多结婚多年的夫妻都表示，随着时间的流逝，夫妻之间慢慢地没有了激情，这就是因为他们都忽略了一点：除了日常的沟通之外，要将“我爱你”表达出来，这样可以让婚姻生活更加甜蜜。

对于女人来说，“我爱你”这三个字是永远都听不够的，千言万语不敌一句“我爱你”。爱需要的不仅仅是行为上的表达，语言上的表达也是极为重要的。

争吵不过夜

有这样一句话说得很有道理：“恋爱是风花雪月的故事，婚姻则是锅碗瓢盆交响曲。”日子过得久了，难免会有铲子碰锅沿的时候，夫妻之间的争吵、矛盾是在所难免的，切记不要让矛盾和争吵过夜，夫妻双方不论是谁，都要积极地去化解这些不快。

人都是有情绪的，当情绪被压抑到一定程度，就必须要释放出来。这时候不论男女之间的哪一方都先要去倾听，让对方把这次矛盾引发的不快说出来，其实无论有多大的气，只要把想说的话说出来，气也就消了一大半，然后再平心静气地去处理矛盾，在睡觉之前把所有的矛盾都处理完，不要让矛盾沉积在心里，这样既影响了两个人的感情，也不利于自己身心的健康发展。

季羡林先生也说过：“夫妻之间的矛盾，是人民内部矛盾，不是敌我斗争。”其实说到底，两口子之间的事，几乎都是鸡毛蒜皮的小事而引发的。这个时候千万不能冷战，因为冷战是最伤感情的，不要让一些小矛盾影响了婚姻的幸福。

婚姻就是这样复杂却又简单的，签订一些契约并不会损伤任何面子、利益，反而会让两个人的心更容易贴近，让婚姻得到保障。时常赞美彼此，每天都说“我爱你”，矛盾不过夜，这三点其实很简单，如果做到了定会让婚姻生活减少很多的压力。不要小看这些微小的契约，它们就是幸福生活的基石。

·4·

勇敢地生存，幸福地活着

逝去的生命不能复归，也用不着复归。但是，回忆这样的生命，意识到自己是这样活过来的，阳关大道、独木小桥都走过来了，风风雨雨都经过了，一直到今天，自己还能活在世上，还能回忆往事，这难道还不能算是莫大的幸福吗?

——季羡林

什么是勇敢？在中国人心目中，勇敢不是鲁莽，不是蛮横，勇敢是一种智慧、仁义与勇气的结合。季羡林先生说：“面对生活中出现的坎坷和困难，要学会勇敢。”也就是说，要勇敢地生存，用勇气征服坎坷，幸福地活下去。

选择勇敢

勇敢意味着付出，也许是金钱、地位、名誉甚至是生命。这种付出是深思熟虑后的决断和义无反顾的勇气，勇敢是根植在内心的人生品质，面对困难坎坷的时候，只有勇敢者才能存活，只有有勇气的人才能获得幸福的生活。

东汉时期有一个叫荀巨伯的人，有一天他到远方去探望一位正在患病的朋友，正巧遇到了胡人要攻打这位朋友所居住的郡城，百姓们纷纷四散而逃，他的朋友对他说："我是快要死的人了，你赶快离开这里吧！"荀巨伯回答说："不行，我不能把你一个人丢在这里。"很快胡人的军队打了过来，荀巨伯和他的朋友被胡人抓了起来，胡人的将领看着两个手无缚鸡之力的人，疑惑地问道："我们大军打到这里，全城百姓都跑光了，你是什么人，竟敢独自在这里停留？"荀巨伯大义凛然地回答："我的这位朋友有病，我远道来看他，决不能把他丢下，宁愿以自己的性命替换朋友的性命。"胡人听了这番话，相互议论道："这里的人民如此守礼，我们如果就这样侵占了这里，反而像是不讲仁义道德的人侵犯了文明的礼仪之邦。"于是，胡人们便把军队撤回了。荀巨伯用自己的勇敢保全了这一郡的生命财产。

在战场上冲锋陷阵奋不顾身的战士是勇敢者，在事业中开拓进取与困难做不懈斗争的人是勇敢者，在成长里与阻碍自己进步的观念进行斗争的人同样是勇敢者。面对困难危险，如果不能勇敢面对，有可能会丧失性命，勇敢一点，反而能获得生存的契机。

勇敢地面对

鲁迅先生曾经说过："真的勇士，敢于直面惨淡的人生，敢于正视淋漓的鲜血。"真正勇敢的人是敢于面对的人，是不怕困难艰险的人，而那些逃离现实，一味逃避的人就只能是一介懦夫。

命运对奥斯特洛夫斯基来说甚是残酷，16岁时他因战争而右眼失明，20岁时又因关节硬化而卧床不起。可是面对不幸，他没有就此一蹶不振，而是勇敢地面对现实，同命运抗争。他以顽强的毅力读完了函授大学的全部课程，用一颗为革命事业奋斗的炙热之心写成了《钢铁是怎样炼成的》。

困难并不可怕，可怕的是不敢面对困难，奥斯特洛夫斯基没有被生活的艰难所吓倒，勇敢地同命运抗争，尽自己最大的努力面对生命里所有的坎坷和不幸，终于写出了巨作。由此可见，只有勇敢地生存，用勇气面对坎坷，才能获得幸福的生活。

勇敢地活着

曾经有这样一句话："生，容易；活，容易；生活，不容易。"为什么说生活不容易呢？那是因为生活中充满艰难险阻，再顺利的人生也难免遭遇逆境。可是只要勇敢地面对，不放弃追求，就一定能获得想要的幸福。

著名的文学家巴尔扎克一生坎坷，自幼缺乏母爱。家庭和母亲都对他十分冷漠，好像他是家里多余的人。巴尔扎克回忆起童年生活时，曾经不无遗憾地说："我真的不知道什么叫母爱，我所经历的童年，是一切命运中最可怕的童年。"他从小就立下志向，长大要成为一名作家，当一个"文坛国王"。等长大以后，他经常躲在一间阁楼里伏案写作，不分昼夜，不论寒暑，但由于没有经商头脑，他在与书商打交道的过程中时常受骗，以至于负债累累。但他依旧没有放弃梦想，也没有对生活绝望。对他而言，能写作就是幸福的，只要坚强勇敢地面对一切困难，就能获得想要的幸福。

艰难困苦可怕吗？并不。经历过十年文革的黑暗，季羡林先生依旧可以云淡风轻地笑谈人生，勇敢地面对生命中每一阶段的坎坷。和巴尔扎克一样，他把生活带给他的磨难看作生命的历练，勇敢地面对，勇敢地生活，用自己的方式幸福地活着。

困难带给人的不仅仅是困难，它还会让人学会面对不同的境遇，感悟不同于顺境的心境，最终感悟到生活的幸福。人人都渴望能够有一个成功的人生，可是失败却难免，用一颗勇敢的心去面对失败，成功就在风雨之后。俗话说：人生多艰，道途坎坷，不学会勇敢便不能真正地幸福。

·5·
平平淡淡就是福

我从不把自己估计过高，我甘愿当一个平凡的人，而一个平凡的人，如果没有美欧金光闪闪的博士头衔，则在抢夺饭碗的搏斗中必然是个失败者。

——季羡林

诸葛亮说：“夫君子之行，静以修身，俭以养德，非淡泊无以明志，非宁静无以致远。”他强调的就是平淡，做人以平淡为真，平平淡淡就是有所求而亦无所求，是追求精神的升华。而季羡林先生也告诫世人，平淡并不等于平庸，平平淡淡亦是福。

平平淡淡是一种境界

所谓的平淡，就是人生达到一种淡然处事的理性境界，不大喜大悲，有所求，有所不求。平淡鄙视庸俗的功利目的，追求精神的升华与灵魂的涅槃。在竞争日益激烈的社会里，固守节操、甘于平淡并非一件简单的事情，只有树立远大理想和人生追求的人，才能做到甘于平淡，淡泊明志，宁静致远。

陶渊明是东晋著名诗人，他的生活状态与当时的文人全然不同，他不愿意去阿谀奉承，追名逐利，当自己的才华和抱负无法施展时，他宁愿离开复杂的官场，追求一种平淡的生活，“采菊东篱下，悠然见南山”。他有不为五斗米折腰的傲然，也有追求内心崇高心境的操守，作为一个文人，他“晨兴理荒秽，带月荷锄归”。他就是要在简单质朴的生活中寻求到一种平淡的心境。他在平淡之中追寻自我，也在平淡之间成就了自我。所以说平平淡淡是一种心境，一种追求淡然、不慕名利、追寻自我的心境。

只有用一颗平淡的心去看这个世界，才会发现原来这个世界的美好无处不在。看似平淡的生活也往往充满着绚丽的色彩，拥有平平淡淡的胸怀，便拥有了宁静、淡泊、从容、美好的心境。

平平淡淡是一种归宿

每一个开始都始于平淡，每一个结局都归于平淡，平平淡淡才是真，这就是最真实的生活。平平淡淡是生命的归宿，选择平平淡淡并不代表拒绝轰轰烈烈，可是无论如何轰轰烈烈，最终都将归于平淡。

对于季羡林先生来说，他最想要的就是平平淡淡的幸福，他想要有朝一日和老母亲坐在夕阳下，和妻儿一起话家长里短，看着自己的猫儿、狗儿在自己脚下撒欢。他的幸福就这么简单，不需要轰轰烈烈，不需要举世瞩目，一家人，一辈子，平平淡淡的就够了。于他而言，若是能有这样一个归宿，让生命归于平淡，那么他此生便再无遗憾。

以平淡之心对待得失，以平淡之心看尽荣辱，畅达时不张狂，挫折时不消沉。在潮起潮落的人生戏台上，保持一颗平淡之心，不以物喜，不以已悲，以平淡而从容的心态面对人生，让生命归于平淡。

平平淡淡是一种幸福

古人云：“心为形所累。”也就是说，欲望越大压力就越大，欲望越强的人所负担的枷锁也就越重。人一旦跌入“欲”的深渊，心灵就会被腐蚀，良知就会堕落，也只有清心寡欲的智者，才知道简单是福，平淡是真。

藏族干部扎西达娃小时候在放牧时遇见一支解放军，队伍里有一个和他差不多大的军人给了他一颗糖，他惊讶地看着那个军人，把糖藏进怀里不敢声张，到了夜深人静的时候，偷偷地把糖拿出来放在嘴边轻轻一舔，一种从来没有体验过的感觉传遍全身，他这才意识到原来世界上还有这么美味的东西。后来他成为西藏自治区的高级干部，吃到了很多糖果，做出了很多引以为豪的业绩，可是都没有那块最艰难的日子里得到的糖果让他觉得幸福。就是一块糖，很平凡的一件事，却让他觉得很幸福。

平淡中有真味，平淡中见真性情，平淡是一种发自本心的幸福。平淡是心灵返璞归真的智慧，平淡是智者的心灵境界。恰如陶渊明在诗中所云：“此中有真意，欲辩已忘言。”平淡之美、平淡之福尽在不言之中。

人生一世，轰轰烈烈是短暂的，并不会持久，只有平淡是最后的绝唱，而人生的意义也都蕴含于平凡的生活中，平平淡淡才是真，平平淡淡才是福。

· 6 ·

真正的幸福，源自内心的感受

那种极其困难的环境中，人生乐趣仍然是有的。在任何情况下，人生也绝不会只有痛苦。这就是我悟出的禅机。

——季羡林

真正的幸福不是用语言就可以表达出万分之一二的，而是来源于内心的一种感受，只有内心得到满足才是真的幸福。幸福不是宝马香车，不是美女环绕，不是物欲横流，很多人虽然事业有成，有家有钱有房子，可却仍然感觉不到幸福，那是因为他们内心真正向往的还没得到满足。

幸福是什么

在这个物欲横流而又浮躁不定的社会里，要想得到长久的幸福那就要减少心欲，一个人如果连自己的欲望都不能控制，那么他只能离幸福越来越远。

伟大的革命家马克思的夫人叫燕妮，他们之间的爱情经久传颂，感动了许多人。燕妮出身于一个富裕的家庭，因为爱上了马克思，她不顾家人反对，毅然决然跟他生活在一起，过着十分清贫的生活。他们在伦敦流亡期间，一连几个星期只能吃马铃薯，寒冬里他们没柴生火，生病也没钱请医生，甚至付不出房租，家里的家具被褥、衣服玩具统统都拿去抵押了。孩子因交不起学费只能辍学，又因请不起医生，孩子也病死了。面对这样惨痛的打击，燕妮依旧对生活充满信心，继续微笑着鼓励马克思，无怨无悔地陪在丈夫身边，尽最大的努力照顾他的生活。她曾自豪地说：“我坐在卡尔的房间里抄他那潦草不清的文章，那些日子，是我一生中最幸福的时刻。”

也许幸福就是这样的，简单而又真实，幸福是内心最真实的反映。对于季羡林先生来说，他的幸福就是一家人坐在一起，聊一聊家长里短，孩子围坐身边，吃喝欢笑，猫儿、狗儿在脚下撒欢。幸福不在于你是谁，也不在于你拥有什么，而在于你自己去怎么看待。就像是在大雨里，一些人觉得自己被淋湿了，抱怨连天，而另一些人却愿意在雨中嬉闹，尽情感受难得的大雨。其实每个人都是幸福的，只是缺少发现，缺少感受。

真正的幸福

在这个世界上，最可望不可即的莫过于追求幸福。恰如美国作家威廉杜朗所说：“从知识里寻找幸福，得到的只是幻灭；从旅行里找，得到的只是疲倦；从财富里找，得到的只是争斗和忧愁；从写作中找，得到的只是劳累。”其实幸福是不用寻找的，用心感受便会发现，生活中的每一个细节都带着某种幸福，它可能是一个浅浅的吻、一个鼓舞的微笑、一句由衷的赞美。

著名的旅行家、地理学家徐霞客从22岁起就开始了艰苦的旅行探险生涯，他在30多年时间里，不畏艰险，跋山涉水，东至浙江普陀，北抵河北，南游福建、广东，西北到达华山之巅，西南远涉云贵边陲，足迹遍及16个省，最终写出了在世界科技史上享有崇高地位的《徐霞客游记》。在徐霞客准备去西南地区时，有人劝阻当时已年过半百的他，可他却果断地说：“我肩扛锄头，哪里不能埋我的尸骨呢？”

徐霞客把自己的毕生精力献给了地理学研究事业，晚年仍旧遗憾没能走遍祖国的山山水水。别人也许都无法理解他的执着，可是只有他自己知道，他奋斗的过程就是他感悟幸福的过程。幸福就是这样简单的感悟，如季羡林先生所说的那般，幸福来自于内心的感受，一个人感觉自己幸福了，那便是真正的幸福。

幸福就是这样简单，它不需要用什么妙法仙方去召唤，只要投入感情，只要付出本心.给睡梦中的孩子拉拉松掉的棉被，是幸福；给疲倦的爱人敲敲脊背，是幸福；给悄然老去的父母讲一个老掉牙的笑话，也是幸福。幸福不需要寻找，只要你用心感受，幸福就在身边，就在心里。幸福无所谓大小，幸福不用伟大定义，真正的幸福就是简简单单的、发自内心的感受。

·7·
痛并快乐着

在这一条十分漫长的路上，我走过阳关大道，也走过独木小桥。路旁有深山大泽，也有平坡宜人；有杏花春雨，也有塞北秋风；有山重水复，也有柳暗花明；有迷途知返，也有绝处逢生。路太长了，时间太长了，影子太多了，回忆太重了。

——季羡林

弘一法师在临终之际曾道：“人生之境，悲欢交集。”这就是说人的一生是悲喜交加的，有悲有喜才是人生。恰如智慧大师季羡林先生所说的那样："痛并快乐着，你才能体会到什么是真正的人生。"

悲欢交集

季羡林先生在自己一本书的后记中曾经提到："我这永久的悔就是：不该离开故乡，离开母亲。"而他的悔依照一句古语来说即是："树欲静而风不止，子欲养而亲不待。"季羡林先生一生淡泊名利，为学术和创作而生，在外人看来，这本就是令人羡慕的一生。然而他的一生也是有"苦"的，坎坷颇多，但他明白这是生活的真谛，人生本就如此，有悲有喜，痛并快乐着。

季羡林先生学问大，名满天下，而且又高寿，简直就是传统的福禄寿齐全老人的典范。然而就是这样一个多福多寿的老人，竟然曾有13年没能和自己的亲生儿子见面，到了晚年身边更是没有一个至亲，所有的事务都交由组织派来的秘书打理。无论是什么人，到了晚年都会成为一个弱者，行动不便、思维迟钝，他不仅生活上需要有人照料，更需要来自亲人的情感慰藉。

杨绛在"五七干校"的时候，曾经被安排去打扫厕所，她对此并没有埋怨，而是认认真真地去打扫，哪怕是厕所中的一根拉水绳她都会擦得干干净净。后来，她在回忆这段日子时说："我相信，乌云总会有金边的。"杨绛九十高龄时，钱钟书和钱瑗相继离世，她饱含深情地回顾了三个人的家庭生活，创作了《我们仨》这本书，其中有欢喜，亦有悲酸，点点滴滴，每当杨绛忆起的时候心里总是辛福的。

"五七干校"的辛酸和《我们仨》的真挚，让世人看到了一个完整的杨绛，在痛苦和欢乐、顺境和逆境之中造就了一个不一样的杨绛，折射出了属于杨绛的美丽人生。欢乐也好，痛苦也罢，这些都是属于杨绛的回忆，也许痛过，但依旧快乐。

痛并快乐着

世间不乏这样的例子：相同的条件、相同的物质基础、相同的环境中，却有人乐天有人悲，有人欢喜有人愁，这是为什么呢？其实这只是源于不同的心境罢了，那些痛苦的、不快乐的人无非是因为过分在意别人的看法、想法，一言一行都担心别人怎么想、怎么看？于是他们失去了自我。而一个失去了自我的人，会感到快乐吗？痛苦与快乐是相依相伴的，痛并快乐着也是人生的韵味。

“如果当时没有留下这些图画，我是否也将渐渐遗忘，那段不愿再回忆起的日子呢？看着这些作品，我回想起那段陷入绝望，又重燃希望的错乱生活……如今，惊恐消退了，悲伤不见了，而那段低潮的人生，只留下淡淡愁思，又寂寞又美好。”这段话来自于陈逸飞先生写的文章，在他看来，如果不是因为多年前的一场病，如果不是因为他经历过一段充满恐惧的暗淡岁月，他又怎会对生命产生如此深刻的感受？

人生就像一条河流，快乐和悲伤是河流的两岸，只有经历过痛苦与快乐的人生，才是真正的人生，才是真正意义上的完美人生。快乐与痛苦相依相存，人的一生有快乐，有痛苦，在快乐中享受，在痛苦中成长，痛并快乐着，才叫完美。

六祖惠能大师有言：“心平何劳持戒，行直何用修禅”、“菩提只向心觅，何劳向外求玄”。人生本就千姿百态，所谓百味人生，尝遍了酸甜苦辣才算真正体会了人生。而一个人在生活中无论是面对痛苦还是欢乐，都要做到“心要平、行要直”，之后便可悟得人生的大道。

·8·

亲情如蜜，甘之如饴

世界上无论什么名誉，什么地位，什么幸福，什么尊荣，都比不上待在母亲身边，即使她一字也不识。

——季羡林

世界上最无私的感情是什么？答案毫无疑问，是亲情。亲情无法用金钱与物质衡量，它是世间最无私的感情。亲情的付出从来不论回报，只有父母亲人才会毫不犹豫地将最深的感情交付出来，没有得失的计较，没有利益的牵绊，它就像一种深入骨髓的命中注定。季羡林先生曾说：“亲情是最深最沉的，它是调剂生活的蜜汁，你要学会享受，甘之如饴。”

亲情难舍

作家萧伯纳说：“家是世界上唯一隐藏人类缺点与失败的地方，它同时隐藏着甜蜜的爱。”家是爱的港湾，是每个人内心深处的柔软甜蜜，亲情是世间最难割舍的一段感情，它是神圣的，容不得任何亵渎。

美国马尼拉湾大战开始时，指挥官命令士兵们脱去衣服，准备进行战斗。这时有一位弹药手的衣服掉进大海里，他请求舰长允许他把衣服捞上来，但舰长没有批准。这个弹药手却不听命令，独自沿着梯子爬下去，游到大海里找回了衣服。等他回到船上，因为严重违反军令，被戴上了镣铐。这次战斗结束后，杜威将军对这件事非常感兴趣。他见到这个即将判刑的弹药手，问他为什么甘愿冒生命危险仍要违反军规，去海里捡回一件衣服。弹药手说，他的衣兜里装着自己母亲的照片，在脱掉衣服之前，他还在看母亲的照片，吻了吻这张照片，然后放入衣兜里。可是万万没想到，他一不小心把衣服掉落到了海里。

杜威将军听完他的话，随即下达了命令，释放并赦免这位弹药手。他说："一个人冒着生命危险去抢捞母亲的照片，他是一个非常孝顺的儿子，在这艘舰艇上，我们不能把一个孝子戴上镣铐。"亲情是难以割舍的，只有一个心中装满亲情与爱的战士，才会更爱自己的国家。杜威将军明白这个道理，所以释放了弹药手。

也许是因为季羡林先生曾经长达13年不能与自己的儿子见面，也许是因为季羡林先生为了追逐自己的梦想，在母亲垂垂老矣的时候不能承欢膝下……正是因为他有这样的遗憾，所以他才更加能体会得到亲情的弥足珍贵。在季羡林先生无法与儿子见面的那13年里，他定然无时无刻不在牵挂着自己的儿子。那个时候，他定然能感受到母亲对他的期盼，盼他回家，却又不忍打扰他。季羡林先生这一生最后悔的，是在母亲最希望得到他陪伴的时候，他却在外求学，让一个老人苦苦守候。可是对于季羡林的母亲而言，这一生最欣慰的就是自己的儿子完成了追逐已久的梦想，她宁可自己苦守等待，也不愿意拖累儿子，影响儿子的前途，这便是母亲对儿子最无私的亲情。

智利有一个叫米斯特拉尔的作家曾经描述过一位母亲的心声："别以为只有我怀着他的时候才跟我骨肉相连。当他将来下地自由走动时，即便远在天边，抽打在他身上的风同样会撕裂我的肉，他的呼喊中有我的声音。唉，我的孩子，我的一笑一颦，其实都是你脸色的反映。”这便是来自母亲的牵挂，来自亲情的牵挂。

亲情如蜜

亲情不仅是无私的，它还是甘甜的蜜汁，在亲情的世界里，只有甜蜜，只有快乐，没有眼泪，也没有痛苦。亲情就是一个坚强的孩子一边流着泪一边在电话里告诉父母，自己过得很好。亲情就是一对吃着馒头咸菜的父母，不停地在电话里叮嘱自己的孩子，要吃饱，要穿暖，钱不够了找爸妈。

著名演员傅彪在业内是个有名的孝子，他在外边拍戏期间，只要一听说父母生病，无论多远多忙都会赶回去。他的所有决定、所有花费都是以亲情为前提的，就连他买车也是为了方便照料长期卧床的父母。傅彪因为生病需要做肝移植，在第二次肝移植手术失败后，他的身体每况愈下，当时媒体对这件事给予了大量关注和报道。傅彪为了不让老人担心，不得不把卧病多年的父母转移到别的医院，并时时小心翼翼，避免让老人看到电视和报纸，就连自己的生命到了最后一刻，他都坚持不通知父母，因为他觉得父母都老了，而且身体不好，他不想让他们伤心难过，不想让他们白发人送黑发人。

这就是亲情，它是人内心最柔软的一部分，无论是多么坚毅、成功的人，在亲情面前都是吃了糖果的孩子。

“亲情如蜜，甘之如饴。”季羡林先生说出的这8个字，却掩藏着一个为人子、为人父的柔软之心。亲情是最真实的情、最真挚的情、最无私的情，只有心中有亲情的人才配拥有爱与被爱的权利，才懂得什么是爱，什么是幸福。

NO.9

不完满，才是人生

——季羡林谈生活哲学

生活是指人类生存过程中各项活动的总和，是对人生意义的一种诠释。很多人都会问："生活到底是什么？"有光明有黑暗、有爱有恨、有好有坏，这就是生活；有遗憾、有痛苦、有希望、有幸福，这就是生活。生活中没有十全十美，有的只是在各种不完美之中的追求。正所谓不完满才是人生。

糊涂一点，潇洒一点；忘记一些，放下一些；微笑着面对人生，坦然地面对坎坷；心如明镜，不将不迎，用平和的心态去生活，这就是属于季羡林先生的生活哲学。

·1·

糊涂一点，潇洒一点

糊涂不难得，糊涂是愉快的，是幸福的。

——季羡林

俗话说："没心没肺，能活百岁。"这其中的意思即是，做人不妨少一些计较，这样就可以活得轻松，也自然能得长寿了。用季羡林先生的话来说就是："糊涂一点，潇洒一点。"用一种眼里能揉沙子的肚量为人处事，讲究宽容大度，在包容别人的同时，也为自己积累了人情，何乐而不为呢？

难得糊涂

人有时候真的不需太过于明白，每个人都怕自己不够清醒，都希望自己能够心明如镜。可是人生又何必太清醒？把所有的事情都看破了、说破了，又有什么意义？世界很大，个人很小，没有必要把什么事情都看得那么重要。

清代著名文人郑板桥也是一位书法家，他曾去山东莱州的云峰山观摩郑文公碑，一时间看得入迷，流连忘返，耽误了下山的时辰，当晚只能借宿在山间一个茅屋之中。屋主是一位外表十分儒雅的老翁，自称"糊涂老人"，茅屋中放了一块方桌大小的砚台，镂刻得十分精良，石质异常细腻。郑板桥见老翁言谈举止不俗，认为老人一定大有来头。这时老人请郑板桥在砚台背后题字，板桥题写了“难得糊涂”四字，并用了“康熙秀才，雍正举人，乾隆进士”的方印。

砚台上还有许多空白，郑板桥请老人写一段跋语，老人欣然提笔，写下一段话：“得美石难，得顽石尤难，由美石而转入顽石更难。美于中，顽于外，藏野人之庐，不入宝贵之门也。”写完用了一块刻着“院试第一，乡试第二，殿试第三”的方印。郑板桥一看顿时大惊，这才知道老人是一位隐退的官员。于是，他又恭敬地补写了一段话：“聪明难，糊涂尤难，由聪明而转入糊涂更难。放一著，退一步，当下安心，非图后来报也。”

这是郑板桥与退隐老人之间的一段佳话，老翁自称“糊涂老人”，郑板桥题下“难得糊涂”，两人都明白“糊涂”的真谛。世人只知做一个聪明人难，想要看穿一切难，可谁又曾真正体会，想要糊涂更难？人生难得糊涂，看破不说破方是人生的真智慧。

少些计较

人际交往是一个复杂的人生课题，一个人从出生开始，就要面对各种各样的人际关系。一个人无论性格多么温顺，一生中与他人之间总会产生摩擦与冲突，这时候若是能像季羡林先生所说的那样，糊涂一点，忍让一下，凡事不要斤斤计较，吃点小亏，做点退让，如此便可更好地处理人际关系，也能更好地保护自己。

美国“石油大王”洛克菲勒是一个性情豪爽的人，一生不愿意与人计较，与周围人的关系非常融洽。有一次，合伙人贝特福在南美经营一笔生意失败了，公司损失了一百万美元。贝特福心里非常忐忑，而且对自己的失败很内疚，因为一百万不是个小数目，他不知道该怎样向洛克菲勒解释。就这样，他一直惶恐不安，等着洛克菲勒发火斥责他。有一天下午，贝福特出门的时候，看见洛克菲勒正在和一个朋友交谈，贝特福担心洛克菲勒询问南美公司失败的事情，于是假装没看见他，连忙快步离开。可是洛克菲勒却在后边叫住他，然后拍一拍他的肩膀，很真诚地说："贝特福，我刚才听人说了你在南美的事。"贝特福心里非常紧张，以为洛克菲勒要责备他，马上解释说："是的，那真是一笔很大的损失，我们只保住了60%的本钱。"但洛克菲勒却没有责怪他，而是很欣慰地说："全靠你处理得当，我们才保住这么多。能做到这样的程度，已经出乎我的意料了，你真是一个能干的好搭档。"就这样，寥寥几句话，贝特福终于放下心理包袱，从此跟洛克菲勒的关系更为密切。

少些计较，不是说什么事都不关注，而是指在面对大是大非时不糊涂，面对小恩小怨不执著、不计较，有时候小事化无是对世事的一种洞明深察。在人际交往中，如果秉持一点宽容的心态待人，凡事给人多留点余地，少一点计较，多一些体谅理解，这样不仅有助于更好地处理人际关系，也有助于培养好心情，养成好习惯。

多些宽容

有时候，糊涂就是宽容，用宽容之心对待别人，用宽容之心成就自己。多点宽容，少点计较，快乐的人生就是一半清醒，一半迷醉，把心分成两半，一半学会清醒做事，另一半学会包容理解，人生有时恰好就需要那么一点傻气。

在"文革"期间，有一个造反派把剩菜扣在赵教授的头上，以此来侮辱他，但他却完全不介意，既不生气也不沮丧，甚至还笑呵呵地上前，帮造反派把溅落身上的菜叶拿掉。"文革"结束后，这件事被重新提起，一位学生在课堂上批评他没骨气，赵教授却十分坦然，淡然一笑说道："当年我们这所学院里，和我一同被打为反革命的，一共有7名教授。但是一年之后，死了6个。只有我，一直活到了现在。只有活下来，一切才有希望。”赵教授在艰难时期，没有把自己的愤然情绪表现出来，在那样一个混乱的时代里，他越是反抗，受到的侮辱就越多。与其耿耿于怀，痛苦不堪，倒不如看开一些，学会宽容。宠辱不惊，悲喜不惑，开开心心地活下去，才是一个胜利者应有的姿态。

这样的境况，季羡林先生也曾遇到过，“文革”十年，他没有因被批判而消沉，反而把这当作上天给他的机会。他并不因众人对他的躲避而心灰意冷，依旧坚持写作，正如他所说，因为那断难得的安静时间，他在学术方面的造诣得到了进一步的提高。

糊涂一点，潇洒一点，人生没有过不去的坎，没有永远的逆境。把心放宽，感时伤怀与斤斤计较不是值得追求的人生姿态。

·2·

活着，要对得起自己的生命

人生自在的真谛在于活在当下。当下指的就是：现在正在做的事，现在所在的地方，现在与你一起工作和生活的人。

——季羡林

苏联著名作家奥斯特洛夫斯基曾说：“人的一生应当这样度过：当回忆往事的时候，他不会因为虚度年华而悔恨，也不会因为碌碌无为而羞愧。”就像季羡林先生所说的那样，活着就要对得起自己的生命，一个人既然选择活着，那就不能与草木同腐，也不能醉生梦死、枉度人生，要有所作为。

活着的意义

人的生命是有限的，在这个世界上，任何人都无法得到永生，而活着的意义就是要用有限的生命活出无限的精彩价值。生命的意义也许就在于满足需求和实现目标，既然选择活着，就要对得起自己的生命。

在一间动物园的蟒蛇馆里关着一条大蟒蛇，饲养员每天都要给它喂一盘处理好的肉。这一天饲养员突然想尝试一下给大蟒蛇喂活物会是怎样的，于是就把一只活鸡关到蟒蛇的笼子里。蟒蛇发现后马上向鸡扑了过来，那只鸡抱着不能坐着等死的心态，使劲飞起来，朝着大蟒蛇狠狠地啄去。大蟒蛇安逸久了，被这突如其来的猛烈攻击弄得措手不及，根本无力还手，一个小时以后，这只鸡战胜了蟒蛇。

在很多人眼里，鸡比蟒蛇要弱小得多，可是在这个故事里，蟒蛇却败给了鸡，这便是生命的意义，鸡也许很弱小，可是它热爱生命，直面挑战，最终用自己的坚强诠释了生命的意义。恰如格林斯所说：“人生成功的秘诀只有那些在奋斗中尚未成功的人才知道。”人生就是要敢于挑战，努力实现人生的价值、生命的意义。

人生的价值

人的一生难免会遇到各种各样的挫折、失败和打击，但决不能因此而放弃自己的目标，只有坚持下去才能战胜它们，只有坚持下去才对得起自己，只有坚持下去，才能活出生命的价值。

世界著名的科学家霍金，从21岁时就被确诊患有罕见的、不可治愈的运动神经性疾病，医生甚至预言他只能再活两年半。过了不久，霍金就完全瘫痪了，然而他并没有就此放弃自己宝贵的生命，依旧坚定自己的目标，忍受着精神和肉体上的双重痛苦，坚持活下去，坚持在科学研究的领域里前进。又过了不久，霍金因为肺炎进行了气管穿刺手术，这使他彻底失去了说话的能力，这个残酷的事实对于全身瘫痪的他来说又是一场严峻的考验。霍金没有放弃，又一次坚持了下来。

面对那么多人生的坎坷与命运的考验，霍金不仅坚强地活了下来，还向世界证明了他的存在，实现了他的人生价值，这便是活着的意义。霍金完全对得起自己的生命，他的坚持让他的生命充满了意义。他并不比别人多拥有什么，相反，他比正常人缺少了健康，但是他用坚持实现了属于自己的生命意义，让自己本已残缺的生命比健康人更加丰满。

生命的价值

在生与死之间的那一段距离就叫作人生，而如何走过这段距离也就是生活。生命跟生活之间有着莫大的关联，如果一个人的生活不能创造出任何价值，那么这样的生命又有何意义？尊重生命，尊重活着的每一分每一秒，让生活充满意义，让自己无愧于生命。

对于拳王阿里而言，“‘不可能’只是别人的观点，是挑战，绝非永远。”在他看来，不质疑自己的能力是对生命崇高的敬意。在这一点上，阿里的女儿继承了她父亲的精神，演绎了又一个“挑战不可能”的传奇。“我是莱拉·阿里，我是一个职业拳击手，当我第一次在电视里看到女子拳击，就像一根导火线在我脑中点燃，我对自己说：我也要那样！”莱拉·阿里如是说。“我想我面对的最大挑战就是：成为莱拉·阿里，而不是永远被人称为穆罕穆德·阿里的女儿。我从不认为女人和拳击是一对矛盾。我想成为一名战士，同时也是一个让人激动不已的漂亮女人。”对于自己对拳击事业的选择与坚持，这个女孩是这样解释的。

保尔曾说：“人最宝贵的是生命，生命每个人只有一次。”也就是说，生命是有限的，而要想努力创造生命的意义，就要尊重生命，人生的价值在于创造，要像拳王阿里的女儿一样，去追求自己的目标，尊重自己的选择，创造属于自己的生命价值。

正如季羡林先生所说，既然选择了活着，就要对得起自己，对得起难得的生命，用有限的生命创造出无限的精彩价值。

·3·

人生的意义和价值在于工作

我的要求就是不停地工作，我一辈子没停过。我的生活习惯就是不停地工作。不写不行，好像没吃饭一样，第一需要。

——季羡林

法国的罗曼罗兰曾经说：“命运并不存在于一小时的决定中，而是建筑在长时间的努力、考验和默默无闻的工作基础上。”他的意思是说工作可以创造生命的价值，可以实现生命的意义。缠绵病榻依旧不放弃学术创作与研究的季羡林先生也说过：“人生的意义和价值就在于工作。”如果一个人连工作都放弃了，那他要如何去实现自己的人生意义呢？

认真对待自己的工作

工作可以让一个人实现自身的价值和意义，但是它依旧需要一个前提，那就是认真。不论干的是什么工作，不论面对的是什么样的人群，都需要认真这一相同的态度。

作为美国最大的小企业组织全国独立企业联盟的主席，杰克·法里斯聪13岁开始就在父母的加油站工作，站里有三个加油泵、两条修车地沟和一间打蜡房。他的父亲负责修车，母亲负责记账和收钱，他负责在前台接待顾客。对于那一段工作，杰克·法里斯聪是这样回忆的："当汽车开进来时，我需要在车子停稳前就站到司机门前，然后去检查油量、蓄电池、传动带、胶皮管和水箱，帮助擦车身、擦挡风玻璃和车灯上的污渍。我注意到，如果我干得好，顾客还会再来。"有一次，杰克·法里斯聪遇见了一个特别挑剔的老太太，内心十分不满，就向自己的父亲抱怨，如果可以的话，他再也不想招待这个麻烦的老太太了。听了杰克·法里斯聪的抱怨，他的父亲告诫他："孩子，这是你的工作，不管顾客说什么和做什么，你都要做好你的工作，并以应有的礼貌去对待顾客。"

杰克·法里斯聪通过在父母的加油站帮忙学到了很多知识，为他以后的事业成功奠定了基础。不论是什么工作，都要认真对待，只有认真的人才有获得成功的希望。

努力创造人生的价值

如何去实现一个人的人生价值？努力是毋庸置疑的，只有认真工作，才能实现自身的价值与意义。

在世界各地拥有4000多家快餐店的温迪国际公司创始人、商务经理戴维·托马斯曾讲述过这样一段经历："12岁时，我设法使一位餐馆老板相信我已16岁，让我做了每小时可以赚25美分的便餐柜台招待。餐厅老板弗兰克告诉我：‘孩子，只要你愿意努力尝试，你就能为我工作，如果你不努力尝试，也就不能为我工作。’”他所说的努力尝试包括从努力工作到礼貌待客等一切内容。当时通常的小费是10美分硬币。但如果我能很快把饭菜送给顾客并服务周到，有时就能得到25美分的小费。通过第一份工作，我认识到，只要你努力工作并专心致志，你就会成功。当然，戴维·托马斯的人生价值并不是因这10美分或者25美分的小费而创造的，可正是他在这家小餐厅的经历让他学会了很多知识，让他知道只要认真对待自己的工作，努力去做，人生的价值总会实现。

季羡林先生一生致力于自己的学术研究，早年考上清华大学，又去欧洲留学，他刻苦读书，专心研究，无论是战争还是灾难，都没有打断他的追求。即便到了九十高龄，缠绵病榻，他依旧没有放弃。他的一生早已经习惯了思考、学习和研究，只要脑子是清醒的，无论是躺在病床上还是坐车走路，大脑里都在思考问题。他将自己所思所想用笔记录下来，形成一篇篇论文和随笔，给后世的年轻人留下了丰厚的精神财富。对于季羡林先生而言，学术研究是他的事业，通过学术研究可以实现他的价值，他可以失去一切，却唯独不能失去自己的价值。

努力实现生命的意义

一个人活着便该活出属于自己的精彩，不能浪费生命，要活出属于自己的意义，这个时候就需要用工作，用毕生的事业来创造生命的精彩，实现生命的意义。

被称为“当代保尔”的张海迪因5岁时不幸患了脊髓病，导致胸以下全部瘫痪。从此以后她再也无法像别的孩子一样蹦蹦跳跳，也没有办法再继续上学，可是在残酷的命运面前，张海迪并没有沮丧、沉沦，她虽然没有机会走进学校，却依旧坚持学习，自己在家学完了小学、中学的全部课程，接着又自学了大学的课程。除此之外，她还自修了英语、日语、德语等多门语言，并攻读了硕士研究生的课程。从1983年开始，张海迪先后翻译了《海边诊所》等数十万字的英文小说，编著了《生命的追问》《向天空敞开的窗口》《轮椅上的梦》等多部书籍。不仅如此，张海迪还在学习之余攻读了十几种医学专著，学会了针灸，并且时常为他人无偿治疗。

命运对张海迪非常残酷，可是她并未因此而向命运低头，却凭借自身顽强的意志力，坚持不懈地与命运之神抗争。张海迪并没有因残疾而放弃积极的生活态度，她坚持学习、努力工作，正如她曾经所说的那样：“我要像颗流星，把光留给人间。”正是因为怀着这样的理想，她努力学习，坚持工作，用残疾的身体创造了别人穷极一生也走不出的人生精彩，使自己的生命之花绽放，让自己生命的意义得以实现。张海迪赢了，并且赢得光鲜亮丽，她用自己的亲身经历告诉世人，病魔并不可怕，只要你有理想、有目标，只要你肯努力、肯奋斗，生命之花会为你绽放，终有一日，你可以实现自己生命的意义。

人生的价值和意义就在于工作，如果没有工作，每天白白地浪费生命，这样的一生又有何意义？一个人只有努力学习，坚持工作，才能创造出属于自己的生命价值。

·4·

我的心是一面镜子

对时势的推移来说，每一个人的心都是一面镜子。我的心当然也不会例外。我自认为是一个颇为敏感的人，我这一面心镜，虽不敢说是纤毫必显，然确实并不迟钝。我相信，我的镜子照出了20世纪长达90年的真实情况，是完全可以依赖的。

——季羡林

季羡林先生说："对时势的推移来说，每一个人的心都是一面镜子。我的心当然也不会例外。我自认为是一个颇为敏感的人，我这一面心镜，虽不敢说是纤毫必显，然确实并不迟钝。我相信，我的镜子照出了20世纪长达90年的真实情况，是完全可以依赖的。"的确，每个人的心都是一面镜子，这面镜子可以清楚地照出自己的内心、生活和经历。

以人为镜

镜子之所以存在，是要照出一个人的容颜，让人看见自己的五官和衣冠。而事实上，以镜为镜，能看到的是表面的真实，却照不出内在的心灵。但是如果一个人能做到以人为镜的话，其情形就大不一样了。

唐太宗李世民身边有一个直言纳谏的大臣魏征，用唐太宗的话来说，魏征就是镜子，当他有做得不对的地方时也只有魏征敢直言他的错误，甚至有时候丝毫不给他留面子。有几次太宗对他起了贬斥之意，幸好长孙皇后时常在他耳边劝慰，而作为一个圣明的皇帝，唐太宗也能够分清事情的对错、缓急。他把魏征当作自己的镜子，有魏征在，便会有人时时刻刻提醒他何为为君之道，如何才能不行差踏错。魏征死后，唐太宗痛哭流涕，直言自己失去了一面明镜。

古往今来，能够以人为镜的人往往很容易取得成功，而自高自大的人往往会很容易走向失败。以人为镜，不仅可以明得失，还可以知方法、得技巧、谙规律、补短缺。其实，每一个人的身边或者心里都有这样一面镜子，只是很多人都看不见这面镜子，也有很多人不喜欢用这面镜子。

心如明镜

每个人的心里都有一面镜子，这面镜子不仅能够照出自己的内心，也能替别人照亮内心。

有个卖报的老人，他的报摊在一个不起眼儿的位置，刚开始一天只能卖出几十份报纸。别人都劝老人换一个人多的地方，然而老人自己却一点儿也不着急，坐在报摊前，面对来来往往的路人，不管认识不认识，买不买报纸，他总要微笑着打招呼。渐渐地，老人的报摊红火起来，最多时一天竟卖出400多份报纸。有一些没带零钱的人，老人总是先给他们报纸，让他们先看，有了零钱再给。有人便好奇地问他：“大爷，您能记住那些没付钱的人吗？如果忘了，不就赔钱了吗？”老人笑着说：“不用记，他们从来不会忘的。”老人在说这些话的时候，面容上始终带着一种自信。

生活是一面无形的镜子，当你对它付出真诚和自信的时候，它反馈给你的也会是微笑和甜美；如果你对它付出的是怨责和冷漠，那么生活带给你的就有孤寂和失望。心如明镜的人往往可以看清这个世界的形形色色，用心去看这个世界，用心去感知这个世界，世界也会还以真心。

我的心是一面镜子

季羡林先生说，自己的心是一面镜子，从出生到垂垂老矣，不管哪个阶段遇见了什么事，都真真实实地从内心反馈，内心的这面镜子是骗不了人的。

有一次，孔子和弟子颜渊逃到荒野，三日不进米水的孔子饿得无力行走，只能虚弱地躺在荒郊野地里。幸好弟子颜渊去百姓家里讨到了一些米，便把这些米带到荒野，准备生火煮饭，而孔子此时正在闭目养神。当孔子闻到饭香睁开眼，馋得流口水的时候，却发现自己的弟子颜渊正独自吃着煮好的粥。过了一会儿，孔子对颜渊说道："我刚才梦到了我死去的父亲，想要用你煮好的米粥祭奠他老人家，不知道这米粥可不可以用来祭祀？"颜渊摇了摇头答道："不可以的，因为这个米粥并不干净，刚才我在煮粥的时候有烟灰落进了饭中，我觉得丢掉可惜，就打算自己吃掉。如果老师想要祭祀先人，那么我便再多煮一份干净的米粥。"孔子听到此处追悔莫及，心里感叹道："我怎么可以怀疑颜渊的人品呀！"

原来孔子看见颜渊没有叫醒自己就开始吃粥，以为颜渊在背着自己吃独食，于是便存心试探他，而颜渊给出的回答却让孔子异常羞愧。在这个故事里，颜渊便是孔子认识自我的那一面镜子，这件事也让孔子从自己的心里找到了一面认识自我的镜子。

"我的心是一面镜子。"季羡林先生如是说。每个人都应该有一面镜子，可以照见内心的镜子，心如明镜，方可不将不迎。

·5·

走运与倒霉，谁能说得清楚

从历史上到现在，中国知识分子有一个“特色”，这在西方国家是找不到的。中国历代的诗人、文学家，不倒霉则走不了运。

——季羡林

老子说：“祸兮福之所倚，福兮祸之所伏。”即是说，灾祸中总有幸福隐藏，祸是福的先行凭据;福里不免潜伏着灾祸、危机，福是祸的潜在前提。智慧大师季羡林先生也曾说到这点，在他看来，走运与倒霉是无法说得清楚的。既然无法说清楚，那么又该如何面对呢？福祸相生，要想在未知的福祸之中得到保全，那么就要有一双睿智的双眼，理智地分析看待任何问题。

福祸相依

老子认为，福祸相依，变化莫测，这便是告诉世人，身当鸿运时，应当谨慎，因为福中也许包含着祸的种子，倒霉时应当保持一颗平常心，笑对人生，也许好运就在前方。

孔子周游列国走到沧浪水边时听到一个小孩正在那里唱歌，歌中唱道:“沧浪的水清啊，可以洗我的帽缨，沧浪的水浊啊，可以洗我的双脚。”孔子听后大为感慨，便在一番思索感悟之后对他的学生们说：“你们听听看，正如那小孩子所唱的那样，水清的话可以用来洗帽缨，水浊的话就只能拿去洗脚，而这些水的用处都是由它们本身的质量决定的啊。”的确，这些水的舍取用度，全是由水本身的清浊决定的。同样看来，一个人的得福与招祸、取誉与遭辱，也全都由人自己的行为所决定的。

俗话说：“天有不测风云。”这话说得很有道理，即便是在科学如此发达的今天，人类仍然无法准确无误地知道雪落霜降、雨来云去，人之福祸同样难以预料。今日之祸也许会化作明日之福，而今日之福后面也可能潜藏着明日之祸，是福是祸无法一言以蔽之，只有看清这点，学会以理智的心境面对福祸，正确分析，才能够趋利避害。

塞翁失马，焉知非福

忧喜本是一家，吉凶本是同根，自然界中常有不测之事发生，人生之中常有旦夕祸福出现，因而须有“祸来不必忧，福来不必喜”的豁达胸襟。恰如季羡林先生那般，不把十年“文革”带来的痛苦当作痛苦，反而看作上天的厚待，认为是上天给了他一个静心写作的机会。

在北方边塞，有一位叫塞翁的老人走失了一匹马，乡邻们都来安慰他时，他却并没有如乡邻们所想的那样伤心，反而对乡邻说这也许会变成好事。果然，过了不久，塞翁的马自己跑了回来，不仅如此，还从胡地引来了一匹骏马。乡邻们知道后又来向他道贺，可是塞翁却并没有因此而高兴，因为在他看来，这也许会是坏事。时隔不久，塞翁的儿子在骑马时摔断了腿骨，面对乡邻们的好心慰问，塞翁叹息道：“恐怕这件事情的福祸还是难以预料的。”过了一年后，边境发生了战争，官府在民间征兵，塞翁的儿子因腿跛而免去了兵役，邻居家的青壮年们则都被征调去当兵并且大多都战死沙场了，而塞翁的儿子却安然无事。从此以后世人就常以“塞翁失马，安知非福”来比喻好事坏事的相倚相生。

这个故事中塞翁口中所说的祸福都是等来的，他并没有主动积极地避祸求福，而是乐观地承受着命运赐予他的一切，而故事中福祸的转机也全依靠自然的安排，并没有丝毫人力的引导。不过，这种做法显然是消极的，在生活中一个人完全有可能也应当洞察福祸转化的情况，用平常的心态去对待祸与福。当灾祸到来时，不是等待，而是要想办法减少损失，努力把坏事转变为好事，积极促成福的光临。人是万物之灵，拥有强大的心智和理性，能够适应自然规律，转败为胜，逢凶化吉，化祸成福。因此在生活中，一个人应该学会洞察福祸转化的情况，用平常的心态去对待祸与福。

走运与倒霉，没人说得清楚

在福与祸这对矛盾中，应该明白不论福也好，祸也好，均是由主客观两方面的原因铸成的。一个人的走运与倒霉，并非表面所见那么简单，福祸相依，需要的依然是一个正确的态度。祸患来时要经受得起，把持得住，幸福降临时要冷静对待，淡然处之。

越王勾践卧薪尝胆数十年，终于打败了吴国。等到朝政安稳之后，范蠡便推辞了越王的封赏，辞官从商。其实在他选择离开的时候，曾写信给同僚文种，仔细分析了勾践这个君王只能共患难，不能同享乐的本质特点，并且详细地论述了“飞鸟尽，良弓藏；狡兔死，走狗烹”的道理。可是文种官迷心窍，沉迷于权势，最后果然被越王所杀；而忍智藏锋的范蠡功成身退，最终成生意大家“陶朱公”。

范蠡是聪明的，因为他深谙君臣之道，能看清高官厚禄之后的潜在危机，所以他果断辞官，最终得以保全自己。而文种看似得势，却偏偏因为不能明白福祸相依的道理，一味地迷恋高官厚禄，最终失了性命。所以说，走运与倒霉是难以预料的，福祸相依，只有能够看清这一点的人才能真正地避祸趋福。

灾祸与幸福是相通的，生存与死亡是相邻的。所以当灾祸发生的时候，不要怨天尤人，最好能够换一个角度去想问题，眼光放长远一些，视野放开阔一点，这世上没有过不去的坎。

人的一生会遇到很多次的偶然，有的带来不幸，有的带来好运。不幸也好，好运也罢，都要坦然处之，“不以物喜，不以己悲”才是人生的最高境界。幸与不幸之间仅隔了一层纸的距离，正面是幸反面不幸。走运与倒霉，又岂是那么容易预料的？

·6·

笑声，是生活的底色

发现只有人是会笑的，是科学家；发现人也是能失掉笑的，是曾经沧海的人。两者都是伟大的发现。

——季羡林

英国著名戏剧家诗人莎士比亚曾说过这样一句话：“上天生下我们，是要我们当作火炬，不是照亮自己，而是普照世界。”人生的道路并不会永远那么平坦和光明，而总是充满崎岖和黑暗，跌倒时不怨愤，笑一笑，爬起来还能继续走。正如季羡林先生所说，要把笑当作生活的底色，不要让生活失色。

将失败转化动力

《傅雷家书》中说过：“人一辈子都在高潮低潮中浮沉，只有庸碌的人，生活才如死水一般。高潮不过分使你紧张，低潮不过分使你颓废，只因为我们能笑对人生。”的确，世界上多数伟人成功，哪一个不是经历了艰难、挫折和打击呢？艰难痛苦没有什么可怕，可怕的是没有勇气面对。做人就该坚强一点，不论面对何等困境，都要微笑面对。

曾经有这样一个失业人士，他是一名具有高文凭的大学生，可是在找工作的时候却屡次碰壁。多次失败之后，他灰心丧气地来到海边，准备自杀，因为他觉得自己的人生毫无希望，死了反而可以一了百了，也就不用再担心什么问题了。这时候有一个老人路过这里，见他一脸的失意落寞便和他聊起了天，当老人得知这名大学生的想法后，叹息着拍了拍他的肩膀说：“小伙子，你认为自己没希望吗？死真的能解决所有问题吗？如果你死了，你的父母亲人该怎么办？做这样的选择对得起你曾经的努力吗？你现在应该这样想，那些大老板不用你是因为他们自己本身的问题，只要你努力，不放弃，相信总会有人能够发现你这颗闪闪发光的珍珠的。现在的你不应该消极抱怨，有谁的人生是一帆风顺的，困难并不可怕，你要学会笑看人生！”说完老人离去，这名大学生反复地咀嚼着老人说过的话，觉得老人说的很有道理，他不能因为别人没有眼光就放弃生命，那简直太愚蠢了。想清楚之后，他重新开始努力奋斗，最后成为一家公司的董事长。从那以后，无论再有什么样的经历，他始终记得那4个字“笑看人生”。

杜牧的一首诗说过：“胜败兵家事不期，包羞忍耻是男儿，江东弟子多才俊，卷土重来未可知。”对于那些挫折与打击，关键在于是否能把失败的压力转化为成功的动力，让失败成为人生道路上的一笔宝贵财富。

肯德基创始人山德士上校的一生充满着美国式成功的传奇色彩，他年轻时做过各行各业的工作，却始终没有任何成就。当他在肯德基州经营加油站的时候，为了增加收入，经常自己制作各种小吃，然后提供给过路游客，而上校最著名的拿手好菜就是他精心研制出来的炸鸡。据说这个深受人们欢迎的产品，是上校经历了数十年的调配才得到的。为了把炸鸡做出令人吮指回味的口感，上校经历了无数次失败，可是他从未因此而放弃，总是微笑着面对每一个人，面对每一次失败，最后终于获得了成功。

学会微笑看待人生的每一次失败，这不仅是一种胸怀，更是一种境界。微笑着面对生活的人，失去的只是自己的烦恼，而赢得的却是整个世界。

笑对人生

人活着，是为了快乐，微笑着活下去，不管未来结果如何，艰辛的过程就是一种最好的收获。正如路遥所说：“永远把艰辛的劳动看作是生命的必要，即使没有收获的指望，也心平气和地继续耕种。”

亚特兰大市有一个叫海蒂的女孩，她23岁的生日是在特定的实验室里度过的。因为这个皮肤苍白的女孩从一出世就得了一种怪病，她的皮肤会对外部的一切环境过敏，所以她只能一直住在科学家为她制造的无菌实验室里。23岁的海蒂从来没有和任何人有过肢体的接触，她的每一天都只能孤独地度过。更为残酷的是，她不可以哭泣，因为咸咸的泪水会腐蚀掉她过于敏感的皮肤。面对这样的残酷生活，海蒂却没有丝毫的抱怨，她微笑地告诉人们：“我可以上网，我可以想象，那里有我快乐的天堂。”因为不能流泪，所以海蒂选择了微笑。命运的残酷并不可怕，人生没有过不去的坎，也没有走不出去的困境，一个人不论在什么样的境遇里，始终都不能放弃的就是微笑，因为微笑始终是埋藏于人们心底的力量源泉。

台湾残疾画家谢坤山小时候由于家境贫寒，没钱读书，所以很早就辍了学。16岁那年，他因误触高压电，失去了双臂和一条腿。23岁时，一场意外事故，又使他失去了一只眼睛。面对命运接踵而来的打击，谢坤山并没有因此沉沦。为了不拖累父母，他选择流浪，独自一人与命运博弈。在流浪的日子里，他迷上了绘画，没有手，他就用嘴作画，少条腿，他就“金鸡独立”作画，通常一站就是几个小时。苦心人，天不负，最终他成为很有名的画家，同时也赢得了社会的尊重，成为无数青年的楷模。曾有人问他：“假如你有一双健全的手，你最想用它做什么？”他笑着说：“我会左手牵着太太，右手牵着两个女儿，一起走好人生的路。”人生本来就是一盘棋，与你对弈的是命运，即使棋盘只剩残局，也不要推盘认输，要笑着面对，坚持与命运对弈下去，战胜命运，战胜自己，终能取胜。

不论你的命运如何，都不要放弃用微笑面对，因为成功之路是拼出来的，不是抱怨出来的，人生难免坎坷，也少不了风雨，摔倒了不要怕，站起来继续走，没有什么走不出的困境，也没有永远的黑暗。笑对人生是一种心境，也是一种态度。

·7·

忘记一些，放下一些

自己年纪越来越老，对于“忘”的评价却越来越高，高到了宗教信仰和哲学思辨的水平。如果不能“忘”，或者没有“忘”这个本能，那么痛苦就会时时刻刻都新鲜生动，时时刻刻像初产生时那样剧烈残酷地折磨着你。

——季羡林

佛曰：“菩提本无树，明镜亦非台，本来无一物，何处惹尘埃。”哲人告诉世人，生活之所以快乐，不是因为得到的多，而是因为计较的少。无论名与利、得与失，都将要在顷刻间化为灰烬，所以要学会适时地放下，放下一些，忘掉一些，用坦然的心态面对人生。

学会放下

学会放下是一种态度，也是一种人生的境界。古代的先贤们就曾经通过不同的方式提到过人生的这一层境界。道家提倡无为，是谓放下，就是说不要过于有为，该放下的就要放下。佛教也常常提到“放下”二字，譬如四大皆空，譬如放下屠刀立地成佛。放下并不等于放弃，放下是一种智慧，是让人生多一些轻松。

有一个富翁家中遭了贼，几乎所有东西都被偷了。当他的朋友们都在为这件事悲痛叹息的时候，本该伤心的富翁却只是坦然一笑。别人对于他的态度很不理解，他耸了耸肩膀说："我应该感到庆幸，因为小偷窃走的只是财物，并未伤害到我们全家的生命，况且小偷也并没把全部东西偷走，你看他还给我们剩下了沙发、桌子等东西。"

对于这个富翁而言，小偷窃走的只是一些东西，但他生命中最贵重的东西却没有丢失。他的家人、亲情、友情都留下了，这些才是真正宝贵的财富，是用金钱买不到的。只要最重要的东西还在，丢掉的钱财他完全可以放下，不必看得过分重要。钱财乃身外之物，生不带来死不带去，即便被偷了，只要富翁的能力还在，他就一定会再赚回来。

其实，在每个人的心里都装着很多东西，这些东西各不相同，到底孰重孰轻，则是仁者见仁的问题了。做人就要懂得取舍，要学会放下，不要计较太多的失去，也不要在乎得到的多少，要懂得放下一些不重要的东西，同时也不要因一些毫不相干的事情而伤心痛苦。

放下一些

放下是一个人智慧的表现。当一个人遇到人生道路上的不平与坎坷时，学会放下，学会知难而退，拐个弯，从旁边绕过去，或许能有比直行更显著的效果。真正聪明的人，是不会钻进死胡同而不懂绕行的，他们懂得放下，懂得暂时舍弃一些东西。

王维就是一个懂得放下的人，他虽然一生坎坷，可却敢于面对一切不幸，放下执念，开始新的追求，正因如此才有了"行到水穷处，坐看云起时"的千古佳句。也许荡舟出游毫无目的，可是顺流而下，坐看云卷云舒，自有他的一番悠然自在，既然福祸难料，倒不如放下内心所求，坦然地去追逐流水的未知尽头。

古人云：“世间本无事，庸人自扰之。”去留本就随意，看庭前花开花落；宠辱就该不惊，任天上云卷云舒。把烦恼拒之门外并不是逃避，而是面对不幸时的一种方法。遇到不幸，不要一味地抱怨，而应该庆幸上天的提醒让我们知道什么地方做错了，什么地方应该改正。用理性的认识和正确的态度对待任何不幸，用良好的心态去算人生的每一笔盈亏，用积极的态度应对每一次始料不及的变故。福祸本来就是天定，人生短暂，就该拼拼闯闯，如果不能事事顺心，但求尽力而为，放下一些，然后勇敢面对。

曾经读到过这样一篇文章，是一名考上北大的女学生写的。在那篇文章中，她写到了她在高三时拼命读书的情景，也写到了她的放下：她放下了谈恋爱，放下了小镜子，放下了逛街的机会，放下了一切可以放下的东西，只是朝着心中的那个目标“北大”前行。放下，是为了真正地得到。她一直坚信着这句话，也因此得以全身心地投入到学习中去。最终，她如愿以偿，考入北大，也给我们留下一句话：“放下，是为了真正地得到。”

她做到了放下，放下了该放下的，就收获了该收获的。她的放下，并不是简单地全盘否定，放下一切，而是有条件、有选择地放下。

忘记一些

人生这么短，又何必计较那么多？忘记痛苦，放下执念，轻松一点儿，成功会变得很简单。

曾经有一个青年人，他背着一个大大的包裹，千里迢迢地跑来找无际大师。他痛苦地对无际大师说道：“我是那样的孤独，那样的痛苦，又是那样的寂寞，我背着巨大的包裹，长期的跋涉也已经让我疲惫到了极点。可是为什么我还是不能找到心中的太阳？不能找到属于我的快乐？”无际大师微微一笑，然后问这个青年人：“你的包裹里装的都是些什么东西呢？”青年人摸了摸那个巨大的包裹，然后回答道：“这个包裹对我特别重要。因为它是我在这一路上每一次跌倒时的痛苦回忆，也是我每一次受伤之后的难过哭泣，我带着它承受着孤寂，也忍受着烦恼，把所有的过往都积攒起来，看着它我便知道我这一路是如何的辛苦，看着它我便不得不告诉自己，既然已经经历了那么多的挫折，那么我就坚决不能放弃，正是靠着它的鞭策，我才能能走到这儿来，走到您的面前。”无际大师听后，沉默了一会儿，然后把青年人带到了一条河边，并且与和他一同坐着船过了河。上岸之后，无际大师对青年人说：“好了，我们已经过河了，那么请你赶快把船扛起来，我们要赶路了。”青年人听后很是惊讶地问无际大师：“您不是在开玩笑吧？船那么沉，我怎么扛得动？况且，我们完全没有必要扛着船赶路吧。”无际大师哈哈大笑起来，随即对青年人说：“是的，你扛不动船，而且你也没有必要非得扛着船走。因为只有在过河时，船才是有用的，而一旦过了河，上了岸，我们就要放下船继续赶路，否则，它就会变成我们的负担！”听罢此话，青年人恍然大悟。

人生在世，确实有很多东西放不下，比如说功名、金钱、爱情、事业……当你把这些都看得过重的时候，就为自己的前进增加了很多“包袱”，倒不如忘记一些该忘记的，放下一些该放下的，轻装上阵，这样的话，成功会变得容易一些。

俗话说：退一步海阔天空，当挑战达到极限时，就要理智地放下，放下不等于永远放弃，而是在等待时机，然后努力攻克。恰如季羡林先生所说的，有时候忘记一些，放下一些，人生会变得很简单。

·8·

怀旧，能净化人的灵魂

人是非常容易怀旧的，怀旧往往能带来某一种愉快。

——季羡林

季羡林先生说："怀旧回忆能净化人们的灵魂，能激励人们的斗志，能扩大人们的视野。"那么，何为怀旧？怀旧就是缅怀过去，怀念往事或故人。旧物、故人、老家和逝去的岁月，都是怀旧最通常的主体。怀旧并不是放不下过去，而是从过去的生活中审视现在的自己，回忆过去的经历，整理过去的感情，释怀过去的恩怨，这样就可以轻松上阵，更加勇敢地面对未来。

怀旧能净化人的灵魂

季羡林先生在《此情可待成追忆》一书中曾写道："我们是暂时的，但清华却会永存。"在他的这本书中收录的文章都属于回忆一类，是清华人自己回忆水木清华的。恰如季羡林先生所言："写的人有的人已经离开人世，有的人还活在人间。活着的人大都已成了'白头宫女'。"

曾经看到过这样一个小故事：在茫茫大漠里有一根矗立多年的石柱，它的周身已经被沙化了，长年累月的大风让它的身体不断地消瘦下来。这一天大风从不远的地方带来了一颗石头，石头看着被沙化的石柱好奇地问道：“嗨，哥们，你怎么会在这里？”“我一出生就站在这里了。”石柱回答道，“曾经这里是一座繁华的城，可是风沙把它带走了。”“那个城大吗？美吗？”石头没有去过城市，好奇地问道。“它很大，很美，大到曾经容纳了我成千上万个兄弟姐妹，它从太阳升起一直美到到夕阳落下，夜晚的它依旧是美丽的。”石柱滔滔不绝地讲述着自己的曾经，直到它越来越小、越来越小，与沙砾化作一体……

石柱直到消失一直都沉醉在自己美丽的回忆里，它有一颗怀旧的心，在曾经的世界里洗剂了自己的灵魂。如此可见，怀旧能净化人的灵魂，在怀旧的安逸中老去，也不失为一桩幸事。

怀旧能激励人的斗志

成长是一个不断前进的过程，可是在前进时不要忘记常常回头看看，看看旧物，想想旧事，思思旧人。

司马迁被处以宫刑之后陷入了极度的悲伤与失意中。灰心丧气之下，他想要以自杀来了结生命，可是他不由自主地想起了以前，想起了他为了收集那些历史资料而做的努力，想起了自己是如何长途跋涉，如何虚心求教，再想想历史上那么遭受苦难却依旧不放弃的人，想想自己打算完成的鸿篇巨著，他突然觉得自己不应该轻生，选择死亡很简单，难的是在困境里选择活着，难的是实现自身的理想。司马迁被自己的理想驱使，被往日的努力鞭策，他没有选择就此消沉地死去，而是努力去完成自己未竟的事业。

司马迁做出这个痛苦的选择的原因就是怀旧。都说旧物不言，可是它却是存在于心底不可磨灭的回忆。当我们遇到困难或处于逆境时，回头想想自己的初衷，想想过去那些美好的时光，想想对我们无限期待的亲人，便能重新燃起一腔斗志。

怀旧能扩大人的视野

季羡林先生说，怀旧可以扩大一个人的视野，此言绝非虚言。在成长的路上，有时候回头看看，就能开阔眼界，在突然之间收获一片宽广。

山德士上校是肯德基炸鸡的创始人。他6岁时父亲就去世了，为了照顾年幼的弟弟，补贴家庭支出，他开始进行田间劳动。在田间劳动了几年之后，他自己经营了一家带有餐馆的加油站，但是由于加油站前的那条道路变成背街背巷，顾客剧减，他不得不放弃了餐馆。他的生活就此陷入了困境，然而他并未死心，突然想起手边还保留着极为珍贵的一份专利——制作炸鸡的秘方，于是他决定卖掉它。为了卖掉这份秘方，他开始走访美国国内的快餐馆，亲自教授给各家餐馆制作炸鸡的秘诀，每售出一份炸鸡他将获得5美分的回扣。5年之后，出售这种炸鸡的餐馆遍及美国及加拿大，之后肯德基连锁店更是开遍了全球。

如果不是山德士上校在陷入困境时进行了一番回想，如果他没想到那份美味的专利，也许今天就没有开遍大街小巷的肯德基快餐店。正是这一番充满悲伤与不甘的回忆，让他突然看到了希望，开阔了视野，梦想就此起航，成功就此起步。

怀旧能够净化人的灵魂，让人沉静下来，总结过去的悲伤与快乐、坎坷与幸福。怀旧能让一个人成长，能让一颗浮躁的心灵安静下来，给一段冷漠的感情注入温暖。的确，无论处于人生的哪一个阶段，适当地回想一番旧事，会带来意外的惊喜，让人获得更多的力量。

图书在版编目（CIP）数据

听季羡林谈人生哲学 / 王颖著 .— 北京：
时事出版社，2016.5（2017.5 重印）

ISBN 978-7-80232-977-5

Ⅰ.①听…　Ⅱ.①王…　Ⅲ.①人生哲学—通俗读物
Ⅳ.① B821-49

中国版本图书馆 CIP 数据核字（2016）第 052702 号

出版发行：时事出版社
地　　址：北京市海淀区万寿寺甲 2 号
邮　　编：100081
发行热线：（010）88547590　88547591
读者服务部：（010）88547595
传　　真：（010）88547592
电子邮箱：shishichubanshe@sina.com
网　　址：www.shishishe.com
印　　刷：三河市华润印刷有限公司

开本：787×1092　1/16　印张：18　字数：212 千字
2016 年 5 月第 1 版　2017 年 5 月第 2 次印刷
定价：32.00 元